配电自动化设备运维与检测技术

牛荣泽 郭 强◎主编

中国电力出版社
CHINA ELECTRIC POWER PRESS

内 容 提 要

本书根据配电自动化岗位要求及员工培训需求,全面介绍了配电自动化运维人员必须掌握的理论知识及规范化、标准化的工作流程,深入剖析现场调试检测、运行维护、故障处理等工作要点,总结了配电自动化设备运维和检测实践经验。

全书共5章,分别为概述、配电自动化基础知识、配电自动化运维、配电自动化缺陷和故障分析、配电自动化设备检测。

本书内容涵盖配电自动化知识和专业技能,可用于指导配电自动化运维技术人员现场工作,也可供从事配电自动化规划设计、工程建设、检测调试等工作的技术及管理人员学习参考。

图书在版编目（CIP）数据

配电自动化设备运维与检测技术 / 牛荣泽,郭强主编. -- 北京:中国电力出版社,2024.12. -- ISBN 978-7-5198-9523-5

Ⅰ.TM642

中国国家版本馆 CIP 数据核字第 2025JB3247 号

出版发行:中国电力出版社
地　　址:北京市东城区北京站西街 19 号（邮政编码 100005）
网　　址:http://www.cepp.sgcc.com.cn
责任编辑:崔素媛（010-63412392）
责任校对:黄　蓓　张晨荻
装帧设计:张俊霞
责任印制:杨晓东

印　　刷:廊坊市文峰档案印务有限公司
版　　次:2024 年 12 月第一版
印　　次:2024 年 12 月北京第一次印刷
开　　本:710 毫米×1000 毫米　16 开本
印　　张:10
字　　数:159 千字
定　　价:48.00 元

前 言

配电自动化是提高配电网供电可靠性、提升配电网运行管理水平的有效手段，也是实现智能配电网的重要基础之一。尤其是2024年以来，国家高度重视配电网发展，国家发展改革委能源局接连印发《关于新形势下配电网高质量发展的指导意见》（发改能源〔2024〕187号）、《配电网高质量发展行动实施方案（2024—2027年）》，要求建立安全高效、清洁低碳、柔性灵活、智慧融合的新型配电系统。为积极服务配电网精益化运维管理和新型配电系统建设对人才的需求，提升配电自动化队伍的运维管理水平，国网河南省电力公司（简称"国网河南电力"）组织配电自动化专家，由国网河南电力科学研究院牵头，针对一线配电自动化运维技术人员，基于理论分析，融合现场实践经验，编写了本书。

本书根据配电自动化岗位要求及员工培训需求，全面介绍了配电自动化运维人员须掌握的理论知识及规范化、标准化的工作流程，深入剖析现场调试检测、运行维护、故障处理等工作要点，可使一线员工通过全方位地学习，掌握配电自动化的关键技术，切实提升配电自动化建设应用成效。

全书共5章，分别为概述、配电自动化基础知识、配电自动化运维、配电自动化缺陷和故障分析、配电自动化设备检测。重点为第4章配电自动化缺陷和故障分析以及第5章配电自动化设备检测。本书内容涵盖配电自动化知识和专业技能，可作为配电自动化作业的应用辅导书，用于指导配电自动化运维技术人员现场工作，也可作为技术资料，供从事配电自动化规划设计、工程建设、检测调试等工作的技术及管理人员学习参考。

本书在编写过程中，参考了国内外几十位专家和学者的著作，以及国家电网有限公司和南方电网责任有限公司的指导文件和企业标准，在此表示由衷的感谢！限于编者水平和时间，书中若有疏漏之处，还请广大读者和同仁提出宝贵意见。

编者

2024年11月

目 录

第1章 概　　述

1.1　配电自动化基本概念

1.1.1　配电自动化

配电自动化（Distribution Automation，DA）以一次网架和设备为基础，综合利用计算机、信息及通信等技术，并通过与应用系统的信息集成，实现对配电网的监测、控制和快速故障隔离。

1.1.2　配电自动化系统

配电自动化系统（Distribution Automation System，DAS）为实现配电网的运行监视和控制的自动化系统，具备配电数据采集与监视控制系统（Supervisory Control And Data Acquisition，SCADA）、馈线自动化、分析应用及与相关应用系统互联等功能，主要由配电主站、配电子站、配电终端和通信通道等部分组成。

1.1.3　其他常用基本概念

1. 配电自动化系统主站

配电自动化系统主站（Master Station of Distribution Automation System）简称配电主站，主要实现配电网数据采集与监控等基本功能，以及分析应用等扩展功能，为配网调度和配电生产服务。

2. 配电自动化子站

配电自动化子站（Slave Station of Distribution Automation System）简称配电子站，是为优化系统结构层次、提高信息传输效率、便于配电通信系统组网而设置的中间层，可实现信息汇集和处理、通信监视等功能。根据需要，配电子站也可实现区域配电网故障处理功能。

3. 配电自动化终端

配电自动化终端 （Remote Terminal Unit of Distribution Automation）简称配电终端，是安装在配电网的各种远方监测、控制单元的总称，可完成数据采集、控制和通信等功能，主要包括馈线终端、站所终端、配电变压器终端等。

4. 馈线自动化

馈线自动化（Feeder Automation，FA）利用自动化装置或系统，监视配电网的运行状况，及时发现配电网故障，进行故障定位、隔离以及恢复对非故障区域的供电。

1.2　配电自动化技术现状

我国配电自动化建设应用肇始于 20 世纪 80 年代，90 年代中后期开展大范围试点工作。截至目前，发展主要分为初始探索、试点应用、智能配网、新型配电系统 4 个阶段。

1.2.1　初始探索阶段

初始探索阶段的时间节点为 20 世纪 80 年代末至 90 年代，代表性事件为石家庄供电局和南通供电局在 20 世纪 80 年代末引入馈线重合闸和分段器试点；1996 年上海浦东金藤工业区正式投运第一套馈线自动化系统，通过重合器和分段器互相配合实现对电缆的故障处理。

1.2.2　试点应用阶段

试点应用阶段的时间节点为 20 世纪 90 年代末至 2005 年。

1997 年，亚洲金融危机爆发后，国家电力公司组织召开全国城网建设改造会议，通过大规模城网改造，以实现扩大内需、拉动经济增长的目标。这一决议促进了配电自动化技术在国内大范围试点的热潮，多个城市开始大范围引入试点工程。

1998 年，宝鸡市建成的配电自动化系统是国内最早的集成化、综合一体化功能的配电自动化工程试点，其功能包括了馈线自动化（FA）、配电变压器巡检、开关站自动化、配网数据采集与配电 SCADA、配网仿真和优化、配电地理信息系统和用户故障修复等，系统实现了各子系统之间的信息和功能共享。

2003 年之前，国内有超过 100 个城市开展了配电自动化试点工作，其中浙江绍兴在配电自动化试点过程中安装了接近 5000 个配电自动化终端，基本覆盖了整个城区的配网。

1.2.3　智能配网阶段

智能配网阶段的时间节点为 2009—2023 年。

2009 年，国家电网公司明确提出建设"具有信息化、自动化、互动化的智能电网"，做出建设坚强智能电网发展规划，制定了配网相关发展战略，颁布了《配电自动化技术导则》(Q/GDW 382—2009)等一系列标准，初步形成了配电自动化标准体系。在配网一次设备和馈线终端更加先进、网架结构日趋合理、相关理论研究取得突破和形成标准体系的前提下，配电自动化建设迎来了新一轮高潮。

2009—2011 年，国家电网公司将北京、杭州、厦门及银川 4 个城市作为第一批试点地区，重启了配电自动化建设；将上海、天津、重庆、成都等 19 个城市作为第二批试点地区，与上一阶段相比，第二批试点在配电自动化主站、终端、通信网络、测试技术、工程管理及实用性方面取得了显著进步，为配电自动化系统的实用化奠定了坚实的基础。

2011 年以后国家电网公司聚焦于配电自动化的实用化，建立了符合 C61968 标准的信息交互总线，要求信息系统进行统一标准的信息交互，具有完备和实用的故障处理应用模块。同时，逐步开展配电自动化各项技术的完善，推进了配电自动化系统在全国范围的推广应用。2012 年，国网江苏省电力有限公司(简称"国网江苏电力")先后在扬州、苏州、无锡等地开展了"一流配电网"建设工作，初步构建了统筹高效的"一流配电网"运营管理模式，到 2017 年，江苏省配电自动化覆盖率已经达到 100%。同时，为了更好实现对配电台区设备运行状态进行监测、分析，国家电网公司下发一系列文件，推进台区智能融合终端发展应用。

2018 年，国家电网公司明确提出了"探索实践以智能配电变压器终端为核心的配电物联网技术""构建低压配电网运行监测体系"相关要求。2020 年以来，台区智能融合终端在国网山东省电力公司、国网江苏电力、国网浙江省电力有限公司等14家电力公司开展了试点验证工作,并为规模化推广应用奠定了基础。

2022年3月,国家电网公司发布了《台区智能融合终端通用技术规范(2022)》和《台区智能融合终端功能模块通用技术规范(2022)》,规范了台区智能融合终端的设计、制造和测试等工作,并对其各类模块提出通用性和差异性要求。

随着配电自动化系统的发展,台区智能融合终端、馈线终端设备、智能传感器等设备的应用,智慧台区、智慧站房等工程也随之兴起,配网设备全景监测能力与日俱增,配网"透明化"程度越来越高,为配电物联网建设落地提供了可靠保障。

1.2.4　新型配电系统阶段

新型配电系统阶段的时间节点为2024年至今。2024年以来,国家高度重视配电网发展,国家发展改革委、能源局接连印发《关于新形势下配电网高质量发展的指导意见》(发改能源〔2024〕187号)、《配电网高质量发展行动实施方案(2024—2027年)》,要求建立安全高效、清洁低碳、柔性灵活、智慧融合的新型配电系统。

1.3　配电自动化技术发展趋势

配电自动化系统组成见表1-1。主站主要用于数据分析、计算、存储等操作,能够根据传送的终端数据对设备运行数据进行分析和计算,确定线路运行状态,完成故障诊断,生成故障隔离和恢复等指令。子站负责管理周围的各种终端,通过采集器实现数据采集,并通过通信处理器将数据传输至主站。配电自动化终端包含多种类型,适用于不同应用场景,能够对安装点配电线路节点实施故障检测,完成故障定位的同时,通过分合闸执行故障区域隔离操作。

表 1-1　　　　　　　　　　配电自动化系统组成

组成部分	子系统	描述
配电网自动化主站系统	SCADA 系统	通过各种服务器分析、计算和存储采集的数据
	DAS 系统	配电故障诊断恢复、联调测试
	DMS 系统	获取、分析、检索和存储电力设备定位、属性等信息,实现配电管理

续表

组成部分	子系统	描述
配电网自动化子站系统	配电子站	连接配电网终端和主站系统
配电自动化终端	馈线终端 FTU	用于配电网监控馈线柱
	站所终端 DTU	用于开关站及环网柜
	配电变压器终端 TTU	用于配电变压器
	故障指示器 FI	用于配电线路、电力电缆和开关柜进出线

随着科技的不断进步，配电自动化发展应用展现出多样化、集成化、智能化、数字化等新特征。

1. 应用多样化

尽管我国配电自动化技术的发展经历了 4 个阶段，但是由于地区经济发展水平、电网网架结构参差不齐，单一的配电自动化技术无法满足不同需求，因此我国配电自动化技术呈现出应用多样化的特征，不同的技术有其适应范围。不同供电区域根据需求选择集中型、就地型等 FA 方式外，基于简单实用的"二遥"配电终端（故障指示器）实现故障定位的配网故障定位技术仍在不少地区发挥重要作用。

2. 系统集成化

配电自动化系统不是单一的实时监控系统，而是将营销系统、供电服务指挥系统、PMS、GIS 等多个与配电有关的应用系统集成起来形成综合应用的系统。为了规范各应用系统间的集成和接口，国际电工委员会制定了 JEC 61968 系列标准，提出运用信息交换总线（即企业集成总线）将若干个相对独立、相互平行的应用系统整合起来，使每个系统在发挥自身作用的同时，还可实现信息交互，形成一个有效的应用整体。不仅减少了系统之间的接口数量，而且具有标准化、互换性强和便于扩展等优点。

3. 系统智能化

配电自动化与实现智能电网密切相关，主要表现在 3 个方面。

（1）配网故障自愈技术。即利用自动化装置或系统，监视配电线路的运行状况，及时发现线路故障，定位出故障区间并将故障区间隔离，在减少人为操作的同时使得电网能够快速恢复正常运行，降低电网扰动或故障对用户的影响。

（2）分布式电源和储能系统的接入技术。分布式电源和储能系统不断发展应用，为配电自动化技术提出了新的要求，配电自动化技术应能够实现对有源配电网的管理和控制，优化配电网运行。

（3）定制电力技术。定制电力技术应用于配电自动化系统中，可以实现系统实时优化，满足高层次用户的需求。

4. 系统数字化

目前新型配电系统下分布式新能源的高比例渗透、电力电子设备的高比例接入、电力与电子装备的高度融合以及多元产销用户的出现为配电自动化带来了深刻变革和重大挑战。未来适应新型电力系统的配电自动化技术需能实现"源网荷储"全环节融会贯通、一二次设备互联智联、运行控制精准智能等，促进海量配电终端设备、系统、数据的全天候、跨区域、跨系统全面感知、在线监测、精准预测、智能调控和弹性供给，有效化解分布式能源接入与电动汽车并网带来的复杂性和不确定性。

第 2 章　配电自动化基础知识

2.1　配电自动化主站

2.1.1　主站功能组成

配电自动化系统主站由计算机硬件、操作系统、支撑平台软件及配电网应用软件组成。其中，支撑平台包括系统基础服务和信息交换服务，配电网应用软件包括配电网运行监控与配电网运行状态管控两大类应用。配电自动化系统主站功能组成如图 2-1 所示。

2.1.2　主站定位

配电自动化系统主站以配电网调度监控（配网调度）和配电网运行状态管控（配网运检）为主要应用方向。系统跨生产控制大区和信息管理大区，其中部署在生产控制大区的功能主要支撑调度专业、实现配电网调度监控，部署在信息管理大区的功能主要支撑运检专业、实现配电网运行状态管控。配电自动化系统主站"N+1"模式部署的配电自动化关系图如图 2-2 所示。

配电终端（DTU/FTU/综自）通过光纤专网或无线专网接入生产控制大区（图中为 I 区主站），配电终端以及其他配电采集装置（故障指示器/台区智能融合终端）通过无线公网接入信息管理大区（图中为Ⅳ区主站）；配电调度监控应用部署在生产控制大区，从信息管理大区调取所需配变、故障指示器数据及故障研判结果；配电运行状态管控应用部署在信息管理大区，接收从生产控制大区推送的 DTU/FTU/综自数据，推送至供电服务指挥系统进行数据分析。

生产控制大区与调度 D5000 系统进行信息交互，D5000 系统通过正反向安全隔离装置向生产控制大区推送变电站图模及量测数据，生产控制大区提供实时开关遥控命令给地市 D5000 系统。信息管理大区与供电服务指挥系统进行信息交互，

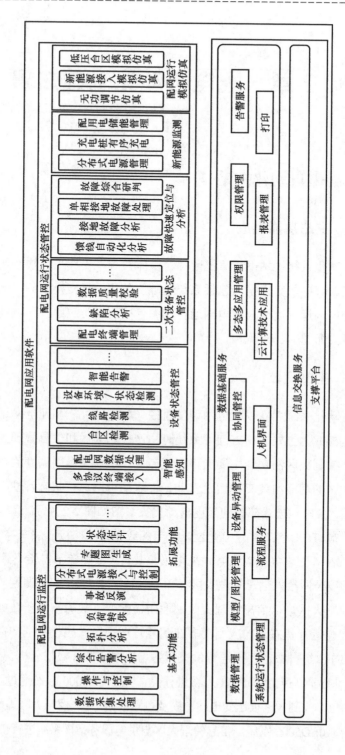

图 2-1 配电自动化系统主站功能组成

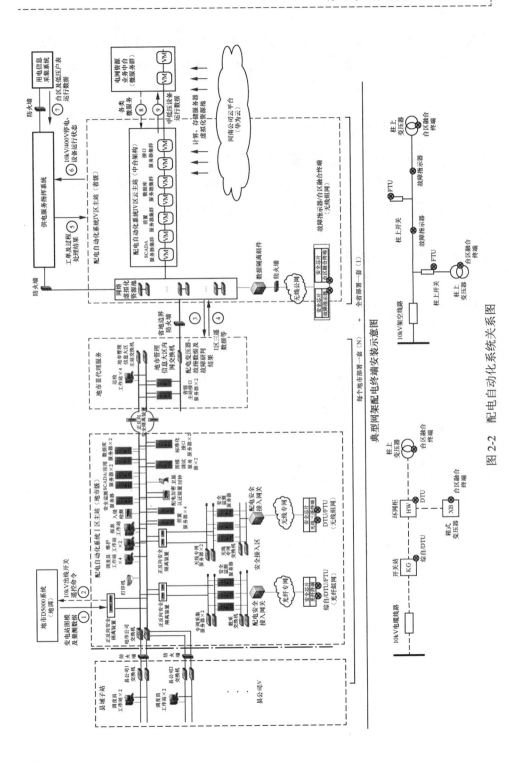

图 2-2 配电自动化系统关系图

信息管理大区向供电服务指挥系统推送 10kV/400V 停电、设备运行状态数据，供电服务指挥系统对数据进行综合研判分析，生成工单及过程处理结果，反推给信息管理大区进行展示。

2.1.3　主站功能架构

配电自动化系统主站功能架构应包括如下方面。

（1）具备控制功能的中压配电终端接入生产控制大区，其他中压配电终端宜接入信息管理大区；低压配电终端接入信息管理大区。

（2）配电运行监控应用应部署在生产控制大区，可从信息管理大区调取所需实时数据、历史数据及分析结果。

（3）配电运行状态管控应用应部署在信息管理大区，可接收从生产控制大区推送的实时数据及分析结果。

（4）生产控制大区与信息管理大区应基于统一支撑平台，可通过协同管控机制实现权限、责任区、告警定义等的分区维护、统一管理，并应保证信息管理大区不向生产控制大区发送权限修改、遥控等操作性指令。

（5）互联网大区宜具备配电自动化系统的查询服务、工单服务等移动端业务应用。

（6）外部系统应通过企业中台与配电自动化系统主站实现信息交互。

（7）硬件应采用物理计算机或虚拟化资源，操作系统应采用国产安全加固操作系统等。

2.2　配电自动化终端

2.2.1　一二次融合设备

一二次设备分开，故会存在一二次设备型号不匹配导致安装困难等问题。随着电网对供电稳定性、可靠性的要求不断提升，一二次融合（即在设计时将一次设备、二次设备的功能集成在一起）成为行业发展趋势，在反应速度、诊断准确率及智能化水平等方面具有明显优势，目前一二次融合设备主要为一二次融合柱上断路器、一二次融合环网箱。

1. 一二次融合柱上断路器

一二次融合柱上断路器主要适用于三相交流户外配电系统，用于线路分段、联络、分支、用户分界等场合，起分断、控制、保护和线损采集的作用。一二次融合柱上断路器是实现配电自动化的重要开关设备，主要由开关本体、控制器及其供电装置和连接电缆组成，其实物如图 2-3 所示。

图 2-3　一二次融合柱上断路器实物图

2. 一二次融合环网箱

一二次融合环网箱是一种将环网单元、站所终端 DTU、供电电源、互感器、外箱体进行一体化融合设计，可实现在线监控、故障识别及定位、就地隔离和电能计算等功能的配电开关设备，通常用于城市电网、工业用电和大型建筑物等场所，其实物如图 2-4 所示。

图 2-4　一二次融合环网箱实物图

2.2.2　故障指示器

故障指示器（Fault Indicator，FI）是一种安装在配电线路上的装置，主要用于监测线路的运行状态和故障情况，能够在线路发生故障时及时确定故障区段，并发出故障报警指示，为快速排除故障、恢复正常供电提供有力保障。故障指示器具有构造简单、投资小、安装方便的优点。

故障指示器按照适用线路类型可以分为架空型和电缆型两类；按照信息传输方式可以分为远传型和就地型两类；按照技术原理可以分为暂态录波型、外施信号型、暂态特征型及稳态特征型四类，其中稳态特征型故障指示器应用范围较窄，且其功能在暂态录波型、外施信号型及暂态特征型中均已包含。

1. 暂态录波型

暂态录波型故障指示器能够精确测量电流信号并记录故障波形，通过 GPRS 远传给主站，由主站根据波形暂态特征及线路拓扑综合定位故障区域。暂态录波型故障指示器如图 2-5 所示。

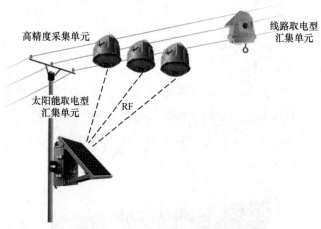

图 2-5　暂态录波型故障指示器

暂态录波型故障指示器无需停电安装，无需独立的零序电压、零序电流互感器，占地较小，且可根据所需故障定位精度调整安装间距，灵活性较高。在实际工程应用中，多采用暂态录波型故障指示器与主站配合的方法对配电网故障进行研判。

2. 外施信号型

外施信号型故障指示器故障定位系统由外施信号源装置、故障指示器（采集单元）、汇集单元（集中器）及配电自动化系统主站组成。外施信号源装置用来检测单相接地故障，产生叠加在负载电流上的信号电流，若满足故障特征则故障检测装置报警,指示故障位置。

外施信号型故障指示器如图 2-6 所示。通常安装在配电线路上,监测配电线路三相负荷电流,准确识别线路负荷侧短路故障和接地故障,具有遥信、遥测"二遥"功能。外施信号型故障指示器配置射频无线通信功能,与汇集单元通过短距离无线射频双向通信,可以将多个故障指示器的信息发到一个集中器上。

图 2-6　外施信号型故障指示器

外施信号型故障指示器的主要优点是故障定位准确,但是安装信号源需要停电,无法识别瞬时性接地故障。

3. 暂态特征型

暂态特征型故障指示器通过检测电网中暂态电信号,判断是否存在暂态故障,从而及时采取措施进行干预。

暂态特征型故障指示器根据暂态故障脉冲的高频成分、振荡波形等特征来识别和定位暂态故障,可对短暂性故障提供精准快速识别,其主要工作原理是发生单相接地瞬间,线路对地分布电容的电荷通过接地点放电,形成一个明显的暂态电压和暂态电流,二者存在特定的相位关系,以此判断线路是否发生了接地故障。

暂态特征型故障指示器的主要特点包括:①能够检测到微弱的暂态电信号,提高了暂态故障识别的可靠性;②能够准确判断故障的位置和范围,帮助事故处理人员及时采取有效的措施;③除了检测暂态故障外,还可以提供故障类型、故障时刻、故障地点等信息。由于需要快速准确捕捉暂态量,对于设备的处理能力有较高要求，而且各暂态算法的单相接地故障准确率不同，受限于终端处理能力，目前使用暂态算法的单相接地故障判断准确率较低。

2.2.3 配电终端

根据监控对象的不同，配电终端可分为馈线终端（FTU）、站所终端（DTU）及配电变压器终端（TTU）三大类。

1. 馈线终端（FTU）

馈线终端（Feeder Terminal Unit，FTU）用于中压架空线路柱上开关的监控。FTU 是装设在馈线开关旁的开关监控装置。FTU 具有快速响应、高精度、可靠性高、远程控制和故障自恢复等特点。可以实现对馈线电流、电压和温度的实时监测，以及对故障电流的检测和保护。当电力系统中发生故障时，FTU 会自动切断故障部分，避免故障扩散和系统连锁反应。除了馈线保护和控制功能之外，FTU 还可以实现客户用电信息的采集和数据传输，以支持电网的智能化运行与管理。FTU 实物如图 2-7 所示。

图 2-7　馈线终端（FTU）实物

2. 站所终端（DTU）

站所终端（Distribution Terminal Unit，DTU），一般安装在开关站（站）、户外小型开关站、环网柜、配电室等处，实现对开关设备的位置信号、电压、电流、有功功率、无功功率、功率因数、电能量等数据的采集与计算；对开关设备进行分合闸操作，实现故障识别、隔离和对非故障区间的恢复供电；部分DTU 还具备保护和备用电源自动投入的功能，可与配电网自动化主站和子站系统配合，实现多条线路的电量采集和控制，故障定位、隔离及非故障区域恢复供电。

DTU 可采集并上传多回路线路电压、线路电流、零序电流、设备状态等运行及故障信息，具备多种方式的通信接口和多种标准通信规约。DTU 实物如图 2-8 所示。

3. 配电变压器终端（TTU）

配电变压器终端（Transformer Terminal Unit，TTU）用于配电变压器的监测。

TTU 监测并记录配电变压器运行工况，包括电压、电流、有功功率、无功功率、功率因数能等运行参数。配电主站通过读取 TTU 测量值及历史记录，及时发现变压器过负荷及停电等问题。配电变压器终端（TTU）实物如图 2-9 所示。

图 2-8　站所终端（DTU）实物　　　　图 2-9　配电变压器终端（TTU）实物

2.3　配电自动化通信系统

配电自动化通信系统主要指配电终端和配电主站之间的远程通信，是配电自动化系统中的关键环节，确保了数据的实时传输和指令的准确下达。

2.3.1　配电自动化通信架构

配电自动化系统一般采用分层处理模式，包括主站层和终端层。在这种模式下，配电主站位于顶层，负责数据处理和控制决策；配电终端则位于底层，负责采集现场数据并响应主站的控制指令。两者之间的通信架构通常包括以下几个部分。

（1）通信网络。采用光纤、无线公网、载波通信等多种通信方式，构建稳定、高效的通信链路。

（2）通信协议。遵循标准的通信协议，如 IEC 60870-5-104、IEC 60870-5-101 等，确保数据的正确传输和解析。

（3）数据安全。采用加密、认证等安全措施，保护通信数据的安全性和完整性。

2.3.2 配电自动化通信内容

配电主站与配电终端之间的远程通信内容主要包括以下几个方面。

（1）数据采集。配电终端采集现场的各种数据（如电压、电流、功率等），并通过通信网络上传至配电主站。

（2）控制指令。配电主站根据数据处理结果，向配电终端下发控制指令（如调整电压、切除故障等）。

（3）状态监测。配电主站实时监测配电终端的工作状态，确保其正常运行。

（4）报警信息。当配电终端发生故障或异常情况时，及时向配电主站发送报警信息。

2.3.3 配电自动化通信系统要求

（1）高度的可靠性。配电系统的通信设备大多暴露在室外，需承受各种恶劣的自然条件的影响和电磁的干扰，同时还要考虑到维护方便，因此要求有高度的可靠性。

（2）经济性好。通信系统的投资不能太大，以免影响配电自动化系统的总体经济效益。

（3）具有双向通信能力。通信系统必须具有双向通信能力，如开关设备的状态采集、控制等。

（4）便于扩展通信系统的节点随网架结构变化、增加，要求系统必须可扩展性强，节点接入方便。另外主干线上停电时不影响通信，通信方式要适合配电网分散多点的特点。

（5）采用冗余通信链路和冗余设备，确保在一条通信链路或设备故障时，另一条链路或设备能够继续工作。

（6）实时监测通信链路和设备的工作状态，一旦发现故障，立即进行故障定位和恢复。

2.3.4 配电自动化通信方式

配电自动化通信方式包括有线通信和无线通信两种方式。有线通信主要包括光纤通信、电力线通信、工业以太网等。无线通信主要包括无线公网通信、无线专网通信等。

1. 光纤通信

光纤通信是以光作为信息载体，以光纤作为传输媒介的通信方式，首先将电信号转换为光信号，再透过光纤将光信号进行传递，具有传输速率高、抗干扰性能强、可靠性高的优点。光纤通信示意图如图 2-10 所示。

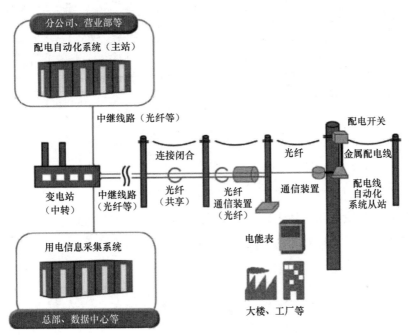

图 2-10　光纤通信示意图

按照《电力监控系统安全防护规定》（国家发展改革委 2024 第 27 号令）、《电力监控系统安全防护总体方案》（国家能源局国能安全〔2015〕第 36 号文）、《配电网自动化技术导则》（DL/T 1406—2015），具备遥控功能的配电网自动化区域应优先采用专网通信方式；依赖通信实现故障自动隔离的馈线自动化区域宜采用光纤专网通信方式。

2. 电力线通信

电力线通信利用电力线网络实现对话音等数据信息传递的通信，因不必额外铺设线路，具有组网简单、成本低、经济效益好的优点。电力线通信示意图如图 2-11 所示。

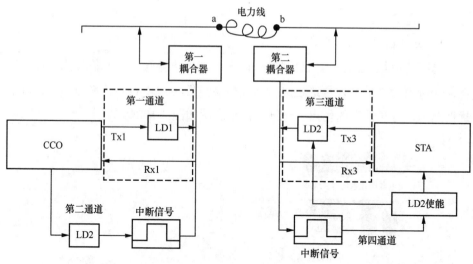

图 2-11　电力线通信示意图

3. 工业以太网

工业以太网是应用于工业生产领域的以太网技术，是一种可以充分满足工业领域控制需求的网络技术，具有良好的兼容性。工业以太网技术在电力系统中应用广泛，具有较高的抗干扰性、可靠性、实时性及安全性。工业以太网示意图如图 2-12 所示。

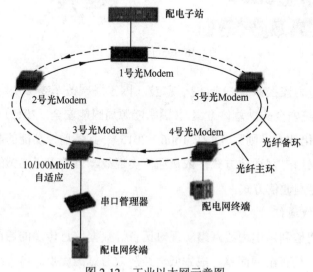

图 2-12　工业以太网示意图

4. 无线公网

无线公网通信是目前普遍采用的一种通信方式，主要是通过无线通信设备将终端用户接入公网，利用公网资源进行数据通信，我国常采用的无线公网技术有 CDMA、GPRS 及 4G 技术等。无线公网通信示意图如图 2-13 所示。

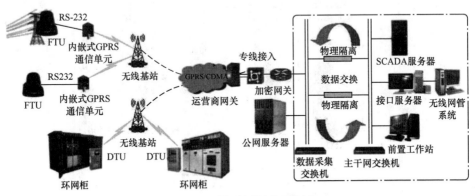

图 2-13　无线公网通信示意图

5. 无线专网

无线专网通信是指对电力系统运营企业专门建设的通信网络，能够提供更高质量、更加可靠的通信和数据交换服务。目前，无线专网通信方式是国内电力负荷管理系统中常用的和最主要的方式之一，主要包括 230MHz 数传电台、WiMAX、McWill 等通信技术。

（1）230MHz 数传电台：230MHz 之间的数字无线通信方式称为 230 专用网络，在模拟无线通信技术的基础上传输电力系统数据。230MHz 的数字广播主要是用于大用户现场数据的收集、监视和控制，其优势在于通道安全、建设速度快、实时性高、网络灵活性好，因此在电力负荷管理系统中得到广泛应用。

230MHz 数传电台的主要缺点是：①工作人员需要具备一定专业技能来安装、运行、管理和维护系统；②覆盖范围与无线公网相比相对较小，一般以主站为中心覆盖 60km 左右，需要运用光纤、中继站等方式进行支持；③受地形、气候的影响较大，造成系统的可靠性较差，无法主动上报；④230MHz 专网由于信道资源有限，一般每频点下终端容量为 1500 台，对于大规模的采集监测则需要其他通信方式补充。

（2）WiMax：全球微波互联接入（Worldwide Interoperability for Microwave

Access，WiMax）又称为 802.16 无线城域网。WiMax 技术与需要授权或免授权的微波设备相结合之后，使用较低的成本就能大大扩展宽带无线市场。基于WiMax 的城市配电网通信系统如图 2-14 所示。

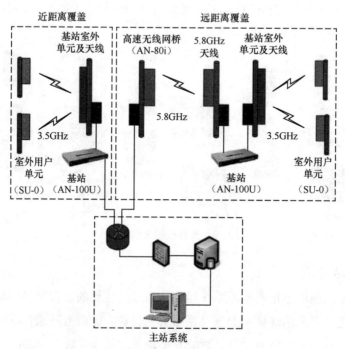

图 2-14　基于 WiMax 的城市配电网通信系统

（3）McWill：McWill 采用先进的码扩正交频分多址、空间零陷、智能天线、联合检测等无线通信技术。该技术基于软交换核心网络和 IP 分组交换网络架构，可以无缝地融入运营商的 NGN 网络。McWill 无线通信系统示意图如图 2-15 所示，系统具有覆盖范围广，带宽高、保密性高、非视距传输、支持高速移动、支持终端漫游切换等先进优势，使其广泛应用于电力行业，为电网提供可靠的无线数据传输平台。

6．5G 通信技术

第五代移动通信技术（5th Generation Mobile Communication Technology，5G）是具有高速率、低时延和大连接特点的新一代宽带移动通信技术。5G 通信系统示意图如图 2-16 所示。

7．通信方式对比分析

各种通信方式的对比分析见表 2-1。

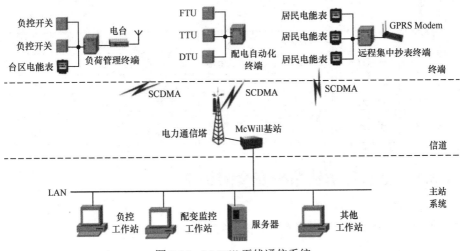

图 2-15　McWill 无线通信系统

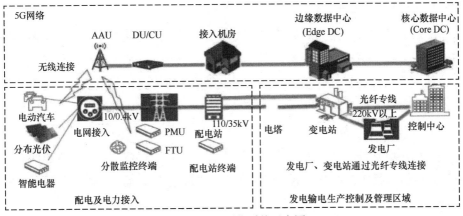

图 2-16　5G 通信系统示意图

表 2-1　通信方式对比分析

通信方式	有线通信			无线通信		
	光纤通信	电力线通信	工业以太网	无线公网	无线专网	5G 通信技术
传输速率/（B/s）	百兆级	28.8k	100M 或 1G	50～几百 k	几 k～几 M	1G
传输介质	单模/多模光纤	中压、低压配电线路	屏蔽双绞线	自由空间	自由空间	自由空间
传输距离	长	5km，架空线	20km	网络覆盖范围内	网络覆盖范围内	网络覆盖范围内
抗干扰能力	最强	差	较强	中等	中等	较强
建设成本	偏高	偏高	较高	低	较高	偏高
运行成本	低	无	低	高	低	偏高

通信方式	有线通信			无线通信		
	光纤通信	电力线通信	工业以太网	无线公网	无线专网	5G 通信技术
信息安全	高	较高	高	低	较高	高
安装与维护	不方便	较方便	不方便	方便	较方便	方便
影响因素	不受影响	电网负荷和结构	不受影响	天气、地形、网络拥塞	天气、地形	天气、地形、网络拥塞

2.4 配电自动化系统安全防护

2.4.1 配电自动化系统信息安全风险

配电自动化系统主要面临以下几方面的信息安全风险。

1. 主站安全风险

配网终端部分采用无线通信方式,攻击者可通过无线公网通道仿冒配电终端入侵安全接入区采集服务器,存在恶意人员误操作、服务器被入侵等风险。主站系统通过移动存储介质、运维笔记本终端等进行跨网拷贝数据实现升级维护,存在跨网入侵风险。

2. 通道安全风险

无线通道易被非法接入,通信易受干扰或堵塞,存在攻击者侵入风险。光纤通道直接连接生产控制大区,但部分配电终端地处偏僻,日常监视手段缺失,光纤与终端连接入口及用户接入侧物理防护薄弱,可能被利用发起攻击。

3. 终端安全风险

部分采用无线公网通信的配电终端存在弱口令风险,易被非法入侵。部分配电终端安全机制可被关闭,可接受伪造的控制指令进行分合闸操作。部分终端端口可能未被封闭,攻击者可以通过社会工程学进行远程攻击。

2.4.2 配电自动化系统安全防护措施

为了应对上述风险,配电自动化系统需要采取以下安全防护措施。

1. 物理安全防护

建设配电自动化系统主站专用机房并加强管理,避免人员误碰或非授权人员接近系统设备。定期对设备进行检查和维护,确保设备正常运行,避免潜在安全隐患。

2．网络安全防护

在配电自动化系统的网络中设置防火墙，控制网络流量，阻止恶意攻击和未经授权的访问。及时更新安全补丁，修复已知漏洞，提高系统的安全性。强化访问控制策略，限制用户权限，避免未经授权的操作对系统造成危害。

3．数据安全防护

定期对配电自动化系统中的数据进行备份，确保数据的安全性和完整性。采用数据加密技术，保护系统中的敏感数据不被未经授权的访问窃取。建立安全审计机制，对系统中的操作进行记录和审计，及时发现异常行为。

4．应急响应机制

制定应急预案，明确各种安全事件的处理流程和责任人。定期组织应急演练，提高人员应对突发事件的能力和效率。定期对应急响应机制进行评估和改进，不断提升系统的安全性和应对能力。

5．人员安全意识培训

对配电自动化系统相关人员进行安全意识培训，提高他们对安全问题的认识和应对能力。定期对人员进行安全知识考核评估，发现问题及时纠正。建立奖惩机制，激励人员重视安全工作，同时对违规行为进行惩罚。随着技术的不断发展，配电自动化系统的安全防护也需要不断更新和完善。

6．可信计算技术

通过在硬件上引入可信芯片，从结构上解决计算机体系结构简化带来的脆弱性问题，使信息系统实现自身免疫。可信计算技术将是未来进一步研究的方向。

第3章 配电自动化运维

3.1 配电自动化主站运维

配电自动化主站运维是指对配电自动化系统中的主站部分进行的一系列维护、管理和优化操作。这些操作旨在确保配电自动化主站能够持续、稳定、高效地运行，从而保障整个配电自动化主站系统的安全、可靠和高效运行。

3.1.1 配电自动化主站运维内容

具体来说，配电自动化主站运维包括但不限于以下内容。

1. 系统监控

实时监测配电自动化主站的运行状态，包括各种设备的工作状态、系统参数等，确保系统处于正常状态。

2. 故障诊断与修复

对配电自动化主站中出现的故障进行快速诊断，并采取相应的修复措施，以恢复系统的正常运行。

3. 数据管理与分析

对配电自动化主站收集的数据进行管理和分析，以获取电力系统的运行状态和趋势，为系统的优化运行和故障处理提供决策支持。

4. 系统升级与优化

根据实际需求和技术发展，对配电自动化主站进行升级和优化，以提高系统的性能和可靠性。

5. 安全保障

确保配电自动化主站的安全性，包括防止黑客攻击、保护数据安全等。

6. 设备异动的正常响应

在新终端设备接入主站前，运维人员需要在主站上进行相应的配置工作，包括添加新设备的 IP 地址、端口号、通信协议等参数。配置完成后，需要进行全面的测试工作，包括设备的遥信、遥测、遥控等功能测试，以及主站对新设备的监控和报警功能测试。

3.1.2　主站运维案例

配电自动化主站服务器等硬件相关故障的处理需要运维人员具备扎实的专业知识和丰富的实践经验。通过定期巡检、硬件备份、系统备份、技能培训和应急预案等措施，可以有效降低主站服务器等硬件故障的发生概率，并在发生故障时能够迅速响应并处理。

案例

【案例 3-1】　新增设备接入导致通信异常

1. 故障现象

在某次现场增加终端设备接入主站的过程中，新设备接入后主站无法与其建立通信连接。

2. 处理过程

首先检查新设备的通信参数设置是否正确，包括 IP 地址、端口号、通信协议等。然后检查主站上的配置是否正确，包括是否添加了新设备的 IP 地址和端口号等。最后检查通信线路是否连接正常，包括线缆是否插好、接口是否松动等。

经过排查，发现是新设备的通信协议与主站不兼容导致的通信异常。运维人员将新设备的通信协议更改为与主站兼容的协议后，问题得到解决。

【案例 3-2】　设备故障导致数据异常

1. 故障现象

在某次现场运维过程中，发现某终端设备的数据异常，无法正确上传至主站。

2. 处理过程

首先检查终端设备的运行状态，包括电源是否正常、指示灯是否闪烁等。然后检查终端设备的通信模块是否正常工作，包括是否发送和接收数据等。经过排查，发现是终端设备的通信模块故障导致的数据异常。运维人员更换了新的通信模块后，问题得到解决。

【案例3-3】 主站服务器故障运维案例

在配电自动化主站运维中，主站服务器故障是一种较为严重的故障，它可能导致整个配电系统的监控和控制功能失效。本案例是主站服务器故障的处理过程和运维建议。

1. 案例背景

某配电自动化主站系统突然发生服务器故障，导致主站无法对配电系统进行监控和控制。运维人员接到报警后，迅速赶往现场进行故障排查和处理。

2. 故障现象

（1）主站服务器无法启动，显示器无显示。

（2）服务器指示灯异常，报警灯闪烁。

（3）配电系统监控界面无数据更新，无法对配电设备进行遥控操作。

3. 处理过程

（1）初步检查。检查服务器电源是否正常，确认电源线是否插好，电源开关是否打开。检查服务器硬件连接是否完好，包括内存条、硬盘、网卡等。

（2）故障定位。使用服务器自带的诊断工具进行硬件检测，发现内存条存在故障。检查服务器系统日志，发现系统启动过程中有内存错误的提示。

（3）故障处理。关闭服务器电源，更换故障的内存条。重新启动服务器，进行系统自检和启动。验证服务器功能是否恢复正常，包括监控界面的数据更新和遥控操作功能。

（4）后续验证。对配电系统进行全面的监控和测试，确保所有设备都能正常被监控和控制。备份服务器系统数据和配置文件，以防未来再次发生故障时能够快速恢复。

4. 运维建议

（1）定期巡检。定期对配电自动化主站系统进行巡检，包括服务器硬件、系统软件、网络设备等，及时发现并处理潜在故障。

（2）硬件备份。对服务器的重要硬件进行备份，如内存条、硬盘等，以便在发生故障时能够快速更换。

（3）系统备份。定期对服务器系统进行备份，包括系统数据、配置文件等，确保在发生故障时能够快速恢复系统。

（4）技能培训。加强运维人员的技能培训，提高故障排查和处理能力，确

26

保在发生故障时能够迅速响应并处理。

（5）应急预案。制定完善的应急预案，包括故障处理流程、备用设备启动流程等，确保在发生故障时能够有序地进行处理。

3.2　配电自动化终端运维

配电自动化终端运维总体架构如图 3-1 所示。

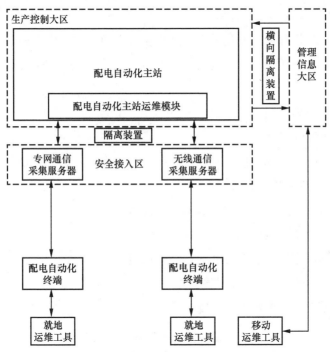

图 3-1　配电自动化终端运维总体架构

配电终端远程运维宜根据配电自动化主站运维模块自动监测并进行维护，就地运维采用就地运维工具进行现场维护，宜通过移动运维工具与配电自动化主站进行信息实时同步，获取运维信息。就地运维工具与配电自动化终端就地直接通信，实现对配电自动化终端的监测、维护。

3.2.1　终端远程运维要求和方法

终端远程运维应通过配电自动化主站监测终端遥测、遥信、遥控、通信、终端本体、电源系统等异常状态及告警进行远程维护。

27

终端远程运维宜采用《远动设备及系统 第 5-101 部分：传输规约基本远动任务配套标准》（DL/T 634.5101—2022）、《远动设备及系统 第 5-104 部分：传输规约 采用标准传输协议集的 IEC60870-5-101 网络访问》（DL/T 634.5104—2009），宜支持 HTTPS 文件传输。远程运维前，配电自动化主站对相应设备设置标识牌。远程运维后，应经验收合格方可恢复运行，配电自动化主站对相应设备清除标识牌。远程运维，首先检查终端通信在线状态，异常时，通知运维人员就地维护。远程运维时，不应引起误出口、误闭锁/解锁。

1. 远程参数召唤与下装程序

根据配电网运行方式变化需求，远程参数召唤与下装程序如下。

（1）读取终端固有参数、运行参数和动作参数，与整定参数比较，校验参数一致性。

（2）对终端软压板进行投退。

（3）切换动作参数定值区。

（4）对运行参数和动作参数进行下装，运行参数下装全部完成后，激活运行。

2. 程序远程升级与管理程序

（1）读取程序版本号，校验版本号一致性。

（2）对终端单个或批量程序下载。

（3）对程序进行安装、启动运行、停止运行、卸载。

3. 遥测数据异常监测与维护步骤

遥测数据异常监测与维护步骤见表 3-1。

表 3-1　　　　　　　　　　　　遥测数据异常监测与维护步骤

序号	异常事件	维护步骤
1	遥测数据无效、超出量程或超出限值	首先远程总召唤，查看终端上送数据是否正常； 数据仍异常时，通知运维人员就地维护
2	电压数据异常波动、消失，数值与额定值相比偏差较大，发生低电压或过电压	首先远程总召唤，查看终端上送数据是否正常； 数据仍异常时，查看历史告警数据，检查是否有线路故障发生； 召唤数据异常线路的相关故障事件、录波文件等，检查是否发生线路短路、接地故障；无线路故障发生时，通知运维人员就地维护
3	电流数据异常波动、环网柜/开关站母线进出线电流不平衡	首先校核配电自动化主站点表配置及巡测系数配置是否正确； 若参数配置正确，查看该线路是否发生短路、接地故障，影响电流值； 线路运行正常时，分别召唤三相电流值，分析三相电流值是否合理；三相电流均不匹配时，通知运维人员就地维护

4. 遥信数据异常监测与维护步骤

遥信数据异常监测与维护步骤见表3-2。

表3-2 遥信数据异常监测与维护步骤

序号	异常事件	维护步骤
1	遥信上送变位状态信息与图模开关位置状态不对应	首先校核遥信点号与图模开关位置配置一致性; 配置无误时,远程召唤巡信 SoE 历史记录,校核变位信息; 巡信历史记录正常时,通知运维人员就地维护
2	遥信变位上送 COS 与 SoE 匹配不一致,COS 或 SoE 未完整上送	远程召唤遥信 SoE 历史记录,校核 COS 和 SoE 的匹配; 遥信历史记录仍异常时,通知运维人员就地维护
3	同一遥信频繁上送分合变位信息	远程召唤遥信滤波时间参数,查看参数合理性; 参数不合理时,进行远程下装正常参数;参数合理时,通知运维人员就地维护
4	遥信上送错误变位、动作信息	远程召唤遥信 SoE 历史记录,校核变位信息; 遥信历史记录仍异常时,通知运维人员就地维护

5. 遥控数据异常监测与维护步骤

遥控数据异常监测与维护步骤见表3-3。

表3-3 遥控数据异常监测与维护步骤

序号	异常事件	维护步骤
1	遥控选择、执行、撤销异常,无法进行遥控操作	检查防误闭锁状态,确认被控制开关处于非闭锁状态; 检查开关当前状态是否与分合闸控制指令符合,开关为合位时,可以进行分闸操作,开关为分位时,可以进行合闸操作; 检查软压板投退状态,若遥控软压板退出时,需要将软压板投入后再进行遥控操作; 检查信息安全配置,检查主站和终端的信息安全证书和密钥是否匹配,如不一致,需要重新导入证书和密钥; 远程不能恢复时,通知运维人员就地维护
2	遥控超时,巡控执行操作后,未返回执行成功信息或开关未按操作指令动作	远程召唤巡信变位信息和 SoE 历史记录,校核开关变位信息; 远程不能恢复时,通知运维人员就地维护

6. 通信在线状态异常监测与维护步骤

通信在线状态异常监测与维护步骤见表3-4。

表3-4 通信在线状态异常监测与维护步骤

序号	异常事件	维护步骤
1	终端通信在线状态退出	首先应校核通信参数配置正确性:以太网通信/无线通信时,校核 IP 地址、子网掩码、网关等配置信息,串口通信时,校核串口波特率、校验方式等配置信息;

序号	异常事件	维护步骤
1	终端通信在线状态退出	校核规约配置正确性，校核规约选择是否匹配，规约的通信地址、信息体地址等是否匹配； 通过网络指令检查以太网通信/无线通信网络是否正常； 采用无线通信时，远程查看信号强度、通信通道在线情况； 远程不能恢复时，通知运维人员就地维护
2	终端通信在线状态频繁投退	首先应通过网络指令检查以太网通信/无线通信网络是否正常； 采用以太网通信时，查看网络负载是否正常； 采用无线通信时，查看信号强度、通信通道在线情况； 远程不能恢复时，通知运维人员就地维护

7. 终端本体异常状态与维护步骤

终端本体异常状态与维护步骤见表 3-5。

表 3-5 终端本体异常状态与维护步骤

异常事件	维护步骤
终端自检信息异常告警	根据自检告警信息，校核数据状态； 采集数据正常时，告警信号进行远程复位，并继续观察数据采集情况和告警信号是否再次出现； 远程不能恢复时，通知运维人员就地维护

8. 电源系统异常维护步骤

电源系统异常维护步骤见表 3-6。

表 3-6 电源系统异常维护步骤

序号	异常事件	维护步骤
1	电源系统交流失电告警	校核线路电压数据是否正常，电压数据异常时判断为线路故障； 电压数据正常时，通知运维人员就地维护
2	后备电源蓄电池电压低	校核线路电压数据是否正常，电压数据异常时判断为线路故障； 电压数据正常时，校核电源管理模块上送蓄电池容量及内阻信息，检查蓄电池容量是否正常； 远程不能恢复时，通知运维人员就地运维

3.2.2 终端就地运维要求和方法

终端就地运维工具采用统一的就地运维调试接口，接口要求遵循《配电自动化终端技术规范》（DL/T 721—2024）中的要求，通信协议遵循 DL/T 634.5101、DL/T 634.5104 的要求。终端移动运维工具与配电自动化主站运维模块宜采用无线通信方式，宜采用 DL/T 634.5101、DL/T 634.5104 进行信息同步。终端就地运维前，应通知配电自动化主站对相应设备设置标识牌，开具工作票，在终端周边设置安全围栏，并设置警示牌，将终端相关连接片（遥控分、合闸连接片）退出；就地运维时，规范着装，使用工具操作时，防止短路故障的发生，严禁发生违章指挥、违章操作等行为，并保证人身和设备安全；就地运维后，经验收合格方可恢复运行，并通知配电自动化主站对相应设备清除标识牌。

1. 遥测数据异常监测与维护步骤

遥测数据异常监测与维护步骤见表3-7。

表3-7　　　　　　　　　遥测数据异常监测与维护步骤

序号	异常事件	维护步骤
1	交流电压采样异常维护	判断电压异常是否属于电压二次回路问题，测试电压接线端子，如果发现二次输入电压异常，应逐级由接线端子向断路器、电缆线接头、电压互感器侧检查电压二次回路，直至检查到电压互感器二次侧引出端子位置，若电压仍异常，可判断为电压互感器一次侧输出故障
		当二次输入电压正常时，查看终端电压采样值是否正常，如果采样值不正常，确定故障发生在终端本体，本体故障的处理流程应按照先硬件后软件的顺序进行，硬件处理按照先采样板件后核心板件的顺序进行
		若终端采样值正常，应检查终端遥测参数配置、信息表是否正确
		终端软件异常需进行软件升级时、终端硬件异常需进行板件或整体更换时，升级或更换后应按原参数进行配置
2	交流电流采样异常维护	判断电流异常是否属于电流二次回路问题，测试电流接线端子，如果发现二次输入电流异常，应逐级由接线端子向电流互感器侧检查电流二次回路，直至检查到电流互感器二次侧引出端子位置，若电流仍然异常，可判断为电流互感器一次输出故障
		当二次输入电流正常时，查看终端电流采样值是否正确，确定故障发生在终端本体，终端本体故障的处理流程应按照先硬件后软件的顺序进行，硬件处理按照先采样板件后核心板件的顺序进行。若硬件正常应检查终端巡测参数配置是否正确
		终端软件异常需进行软件升级时、终端硬件异常需进行板件或整体更换时，升级或更换后应按原参数进行配置
3	直流量异常维护	判断直流量异常是否属于外部二次回路问题，如果测试接线端子的直流量，发现直流量二次回路异常，逐级向直流采集设备检查
		当外部回路正常时，查看端子排内外部接线是否正常，查看终端直流采集是否正常，确定故障发生在终端本体，终端本体故障的处理流程应按照先硬件后软件的顺序进行，硬件处理按照先采样板件后核心板件的顺序进行。若硬件正常应检查终端遥测参数配置是否正确
		终端软件异常需进行软件升级时、终端硬件异常需进行板件或整体更换时，升级或更换后应按原参数进行配置

2. 遥信数据异常监测与维护步骤

遥信数据异常监测与维护步骤见表 3-8。

表 3-8 遥信数据异常监测与维护步骤

序号	异常事件	维护步骤
1	遥信信号异常维护	应首先检查遥信电源是否正常
		遥信电源正常时，检查遥信二次回路，检查遥信采集回路的辅助节点或信号继电器节点是否正常，端子排内外部接线是否正确
		当二次回路正常时，查看终端遥信采样值是否正常，确定故障发生在终端本体，终端本体故障的处理流程应按照先硬件后软件的顺序进行，硬件处理按照先采样板件后核心板件的顺序进行；若硬件正常，应检查终端通信参数配置是否正确
		终端软件异常需进行软件升级时、终端硬件异常需进行板件或整体更换时，升级或更换后应按原参数进行配置
2	遥信抖动异常维护	首先检查配电自动化终端外壳和电源模块是否可靠接地
		检查二次回路辅助节点是否牢靠
		通过就地运维工具，检查终端遥信滤波时间设置是否合理
3	控制功能异常维护	首先核对远方/就地把手、遥控连接片位置是否正确
		检查遥控电源是否正常
		检查二次回路是否正常，由接线端子、输出回路逐级向操作机构的顺序进行检查
		二次回路正常时，检查终端本体，按照先硬件后软件顺序进行检查，检查遥控板件是否正常、输出继电器是否正常；硬件正常时，检查信息安全配置、遥控参数配置是否正确
		终端本体正常时，排查一次设备异常
		终端硬件异常需进行板件或整体更换时，更换后应按原参数进行配置

3. 控制功能异常维护步骤

控制功能异常维护步骤见表 3-9。

表 3-9 控制功能异常维护步骤

异常事件	维护步骤
控制功能异常维护	首先核对远方/就地把手、遥控连接片位置是否正确
	检查遥控电源是否正常
	检查二次回路是否正常，由接线端子、输出回路逐级向操作机构的顺序进行检查
	二次回路正常时，检查终端本体，按照先硬件后软件顺序进行检查，检查遥控板件是否正常、输出继电器是否正常；硬件正常时，检查信息安全配置、遥控参数配置是否正确
	终端本体正常时，排查一次设备异常
	终端硬件异常需进行板件或整体更换时，更换后应按原参数进行配置

4. 通信异常维护步骤

通信异常维护步骤见表 3-10。

表 3-10　　　　　　　　　　　通信异常维护步骤

异常事件	维护步骤
通信异常维护	通过就地运维工具，分项查看终端自身通信告警及通信设备通信情况
	通信异常时，检查通信网络是否正常，按照通信接口、通信设备、通信通道的顺序进行运维
	通信网络正常时，检查通信协议配置，信息安全配置是否正确
	无线通信时，检查天线安装、无线信号强度、SIM 卡状态

5. 终端本体异常维护步骤

终端本体异常维护步骤见表 3-11。

表 3-11　　　　　　　　　　终端本体异常维护步骤

异常事件	维护步骤
终端本体异常维护	通过就地运维工具，分项查看终端自检告警信息，根据自检告警信息按照先硬件后软件的顺序，检查终端异常部分
	终端软件异常需进行软件升级时、终端硬件异常需进行板件或整体更换时，升级或更换后应按原参数进行配置

6. 电源系统运维步骤

电源系统运维步骤见表 3-12。

表 3-12　　　　　　　　　　　电源系统运维步骤

异常事件	维护步骤
电源系统运维	主电源运维按照断路器、电源模块、交流回路、互感器二次侧回路顺序进行运维
	后备电源运维按照二次回路、后备电源本体顺序进行运维
	宜对蓄电池组定期进行活化，根据异常告警或定期进行更换

3.2.3　配电自动化设备主要运行隐患及处理措施

1. 一二次融合设备主要运行隐患及处理措施

一二次融合设备主要运行隐患及处理措施见表 3-13。

表 3-13　　　　　　　一二次融合设备主要运行隐患及处理措施

设备	运行隐患	措施
一二次融合柱上开关	设备掉线	建立设备连接监控系统，使用可靠的通信网络，配备备用设备
	误报	引入数据过滤和异常检测机制，设置合理的阈值和警报规则，定期对柱上开关设备进行校准和检修

续表

设备	运行隐患	措施
一二次融合柱上开关	宕机	设置冗余系统架构,定期进行设备维护和检修
	遥控拒动	引入双重验证和确认机制,进行遥控操作前的预操作确认,记录遥控操作日志,并进行审计
	遥控误动	引入双重验证和确认机制,进行遥控操作前的预操作确认,记录遥控操作日志,并进行审计
	遥测量的错误采集	配备高质量的传感器和测量设备,建立数据校验和纠错机制,进行定期的校准和校验
	丢包	使用可靠的数据传输协议,调整网络配置和设备性能,引入数据重传机制
一二次融合环网箱	设备掉线	建立设备连接监控系统,使用可靠的通信网络,定期对环网箱设备进行检修和维护
	误报	设置合理的数据阈值和警报规则,引入数据校验和纠错机制,对环网箱设备进行定期校准
	宕机	建立冗余系统架构,定期进行设备检修和维护,及时更新环网箱设备的软件和固件
	遥控拒动	引入操作验证和确认机制,在遥控操作之前进行预操作确认,记录遥控操作日志,进行审计
	遥控误动	引入操作验证和确认机制,在遥控操作之前进行预操作确认,记录遥控操作日志,进行审计
	遥测量的错误采集	使用高质量的传感器和测量设备,建立数据校验和纠错机制,定期进行校准和校验
	丢包	使用可靠的数据传输协议,调整网络配置和设备性能,引入数据重传机制

2. 故障指示器主要运行隐患及处理措施

故障指示器主要运行隐患及处理措施见表 3-14。

表 3-14　　　　故障指示器主要运行隐患产生原因及处理措施

设备	运行隐患	措施
暂态录波型	设备掉线	建立设备连接监控系统,提供可靠的通信网络,对设备进行定期检修和维护
	误报	设置合理的指示器触发条件和阈值,引入数据过滤和异常检测机制,对故障指示器进行定期校准和检修
	宕机	建立冗余系统架构,定期检修和维护设备,务必及时更新设备软件和固件
	遥控拒动	引入操作验证和确认机制,在遥控操作之前进行预操作确认,记录遥控操作日志,进行审计
	遥控误动	引入操作验证和确认机制,在遥控操作之前进行预操作确认,记录遥控操作日志,进行审计
	遥测量的错误采集	使用高质量的传感器和测量设备,建立严格的数据校验和纠错机制

续表

设备	运行隐患	措施
暂态录波型	丢包	使用可靠的通信协议,优化网络性能,数据重传机制,防火墙和网络安全配置
外施信号型	设备掉线	建立设备连接监控系统,提供可靠的通信网络,对设备进行定期检修和维护
	误报	设置合理的指示器触发条件和阈值,引入数据过滤和异常检测机制,对故障指示器进行定期校准和检修
	宕机	建立冗余系统架构,定期检修和维护设备,务必及时更新设备软件和固件
	遥控拒动	引入操作验证和确认机制,在遥控操作之前进行预操作确认,记录遥控操作日志,进行审计
	遥控误动	引入操作验证和确认机制,在遥控操作之前进行预操作确认,记录遥控操作日志,进行审计
	遥测量的错误采集	使用高质量的传感器和测量设备,建立严格的数据校验和纠错机制
	丢包	使用可靠的通信协议,优化网络性能,数据重传机制,防火墙和网络安全配置
暂态特征型	设备掉线	建立设备连接监控系统,提供可靠的通信网络,对设备进行定期检修和维护
	误报	设置合理的指示器触发条件和阈值,引入数据过滤和异常检测机制,对故障指示器进行定期校准和检修
	宕机	建立冗余系统架构,定期检修和维护设备,务必及时更新设备软件和固件
	遥控拒动	引入操作验证和确认机制,在遥控操作之前进行预操作确认,记录遥控操作日志,进行审计
	遥控误动	引入操作验证和确认机制,在遥控操作之前进行预操作确认,记录遥控操作日志,进行审计
	遥测量的错误采集	使用高质量的传感器和测量设备,建立严格的数据校验和纠错机制
	丢包	使用可靠的通信协议,优化网络性能,数据重传机制,防火墙和网络安全配置

3. 配电终端主要运行隐患及处理措施

配电终端主要运行隐患及处理措施见表3-15。

表3-15　　　　　　　　配电终端主要运行隐患及处理措施

设备	运行隐患	措施
FTU	设备掉线	建立网络监控系统,使用冗余网络连接,定期进行设备检修和维护,确保设备的稳定工作
	误报	引入数据过滤和阈值设置,建立数据验证机制,进行数据趋势分析
	宕机	搭建冗余系统架构,定期进行设备维护和监测,确保设备软件和固件的更新和升级

续表

设备	运行隐患	措施
FTU	遥控拒动	引入双重确认机制,添加操作日志与审计功能
	遥控误动	引入双重确认机制,添加操作日志与审计功能
	遥测量的错误采集	引入数据校验与纠错机制,采用高质量传感器
	丢包	实施数据包重传机制,优化网络负载和带宽规划,引入流量控制和缓冲机制
DTU	设备掉线	建立稳定的网络连接,定期进行设备监测与维护,配备备用设备
	误报	加强故障检测与报警机制,提高远程监控与诊断能力,定期校准设备传感器
	宕机	定期更新设备软件,建立备份与恢复机制
	遥控拒动	引入双重确认机制,添加操作日志与审计功能
	遥控误动	引入双重确认机制,添加操作日志与审计功能
	遥测量的错误采集	引入数据校验与纠错机制,采用高质量传感器
	丢包	实施数据包重传机制,优化网络负载和带宽规划,引入流量控制和缓冲机制
TTU	设备掉线	建立稳定的网络连接,定期进行设备监测与维护,配备备用设备
	误报	加强故障检测与报警机制,提高远程监控与诊断能力,定期校准设备传感器
	宕机	定期更新设备软件,建立备份与恢复机制
	遥控拒动	引入双重确认机制,添加操作日志与审计功能
	遥控误动	引入双重确认机制,添加操作日志与审计功能
	遥测量的错误采集	引入数据校验与纠错机制,采用高质量传感器
	丢包	实施数据包重传机制,优化网络负载和带宽规划,引入流量控制和缓冲机制

3.3 配电自动化通信系统运维

配电网通信运维是确保配电自动化功能正常的重要环节,也是保障电力系统稳定运行的关键环节。通过智能化巡检、实时监测及数据共享等方法,结合先进的通信技术、物联网技术、人工智能技术和配电自动化技术,可以有效提升运维效率和质量。

3.3.1 运维内容

1. 设备检查与维护

确保终端设备型号、规格、安装工艺符合标准,进行传动测试,验证指示灯信号、遥信位置、遥测数据、遥控操作及通信功能。同时，检查通信线路、通信设备及二次端子排接线等，确保设备正常运行。

2. 电源管理

定期检查交直流电源、蓄电池电压及浮充电流，确保无渗液、老化现象，保障电源系统稳定运行。

3. 安全防护

检查接地装置是否符合规定，确保接地电阻合格，同时落实防小动物、防火、防水、防潮及通风措施。

4. 标识管理

确保各类标识标示齐全、规范，便于运维人员快速识别和操作。

3.3.2　运维方法

1. 智能化巡检技术

利用信息技术和大数据技术，实现配电网巡视范围的科学化管理。通过实时监测设备运行数据，跟踪缺陷处理情况，确保巡检有计划、有内容、有结果、有核查。

2. 智能开关配置

在配电网线路上合理安装智能开关，减少运维人员工作强度。通过智能断路器的定值设置，估算故障点位置，'缩小查找范围。

3. 实时监测系统

建立实时监测配电网系统，利用图形化界面展示设备异常情况，结合气候环境数据，提出合理的运维管理方案。

4. 数据共享与分析

强化配电网运维数据共享，分析和整理设备原始数据、运行数据及故障数据，组织运维人员讨论、分析故障，并在技术交流平台分享处理经验。

3.4　配电自动化模式与配置

配电自动化的模式选择和参数配置需要综合考虑供电可靠性要求、网架结构、一次设备保护配置、通信条件以及运维管理水平，按差异化的原则实施。

同一供电区域内选用一种或几种模式，模式种类不宜过多。随着配网分级保护和接地故障多级方向保护的发展和应用，配网故障处理朝着继电保护与馈线自动化（FA）协同配合的方向发展。发生故障后，首先由配网分级保护和接地故障多级方向保护有选择性地切除故障区段，同时启动集中型或就地型馈线自动化逻辑，进一步缩小停电范围，然后通过馈线自动化实现故障点下游非故障区段的转供。

无论采用何种模式，都要求配电终端具备与主站通信的能力，并将运行信息和故障处理信息上送配电主站。

3.4.1　集中型馈线自动化

集中型 FA 借助通信手段，通过配电终端和配电主站的配合，在发生故障时依靠配电主站判断故障区域，并通过自动遥控或人工方式隔离故障区域，恢复非故障区域供电。主站集中型 FA 包括半自动和全自动两种方式。

集中型 FA 适用于 A+、A、B、C 类区域的架空、电缆线路、架空电缆混合线路，能够处理永久故障、瞬时故障，通过配电主站完成故障信息收集和事后追忆，可适应配电网运行方式和负荷的变化。配电开关类型可采用断路器或负荷开关，具备的配电自动化接口有三相电流、零序电流（可选配）、三相电压或线电压、电动操动机构等。

宜采用光纤通信方式（EPON 或工业以太网交换机）将开关设备动作信息、故障信息上传主站，对于不具备光纤通道条件，可考虑采用无线通信方式。

集中型 FA 主站配置是以单条线路为单位进行配置，可灵活配置单条线路的启动与退出功能，可配置执行模式为全自动或半自动两种方式，结合终端故障测量信号实现精确的故障定位和隔离，非故障区域通过遥控或现场操作恢复供电。

3.4.2　就地型馈线自动化

就地型 FA 不依赖于配电主站和通信的故障处理策略，实现故障定位、隔离和恢复对非故障区域的供电。电压时间型是最为常见的就地型 FA 模式，根据不同的应用需求，在电压时间型的基础上增加了电流辅助判据，形成了电压电流时间型和自适应综合型等派生模式。

就地型 FA 适用于 B、C 类区域以及部分 D 类区域，以架空线路应用为主。配套开关可选用具备来电延时合闸、失压分闸的电磁操作机构开关，也可选用普通弹操机构开关，选用弹操开关需要配电终端配合完成来电延时合闸、失压分闸功能，依赖于后备电源。

按照国家电网公司最新配电终端技术规范要求，应选用满足国家电网公司专项检测要求的三遥 FTU 馈线远方终端，优选《12kV 一二次融合柱上断路器及配电自动化终端（FTU）标准化设计方案》配套的柱上终端；后备电源同样按照国家电网公司最新的配电终端技术规范执行。

1. 与变电站出线开关配合

（1）变电站出线开关通常设速断保护、限时过电流保护，当线路发生短路故障时，可保护跳闸并重合。

（2）当出线开关跳闸时，就地型分段开关通常检测到无压无流后分闸，可靠分闸时间一般不超过 1s。

（3）出线开关重合闸时间必须大于就地型分段开关的可靠分闸时间。

（4）当出线开关配置两次重合闸（如 2s 和 21s）时，分段开关即可完成故障隔离和故障上游的非故障区域供电。

（5）当出线开关仅配置一次重合闸时（如 2s），需要延长首台分段开关的来电延时合闸时间（如从常规的 7s 设置为 21s），留出变电站出线开关重合闸充电时间，当出口开关一次重合闸合到故障跳闸后能再次动作。

（6）当出线开关可遥控时，可不配置两次重合闸，通过遥控方式实现出线开关的两次重合功能。

（7）就地型分段开关应具备一次故障处理时间内（如 5min）合闸次数越限保护，避免极端情况下因故障隔离失败，导致出线开关反复合闸。

2. 与线路中间断路器配合

当长线路配置中间断路器时，中间断路器将线路分成前后两部分，中间断路器与出线断路器应形成保护级差配合，中间断路器负责线路后段的保护和重合闸。中间断路器配置两次重合闸，线路上分段开关定值整定与普通线路一致。

3. 与分支（界）开关配合

分支线开关或用户分界开关在与变电站有级差配合的情况下，可选用断路器实现界内短路故障的快速切除，并可配置重合闸消除瞬时故障；在无保护级差配合的情况下，可选用负荷开关，由主干线出线断路器或中间断路器保护跳闸切除故障，当分支（界）开关检测到无压无流时分闸隔离故障，主干线出线开关或中间断路器重合恢复非故障线路的供电。

（1）分段开关参数整定原则。

1）同一时刻不能有 2 台及以上开关合闸，以避免多个开关同时闭锁导致故障隔离区间扩大。

2）优先恢复最长主干线的供电，再处理其他干线。

3）靠近正常电源点的干线优先供电。

4）多条干线并列时，主干线优先供电，然后次分干线，再次次分干线。

5）当合上联络开关反方向转供时，也应满足第一点。

（2）推荐时间定值。

1）所有分段开关的 X 时限、Y 时限推荐设置默认为 7、5s。

2）变电站出线首台终端的 X 时限，根据出线断路器配置重合闸次数的不同进行整定，当出线断路器配置 2 次重合闸时，第一台开关 X 时限设置为 7s；当出线断路器只配置 1 次重合闸时，第一台开关 X 时限应大于出线断器器重合闸充电时间，以使断路器合到故障后再次动作，推荐设置为 21s。

3）变电站出线断路器配置两次重合闸时，推荐第一次重合闸时间整定为 2s，第二次重合闸时间整定为 21s。

3.4.3　智能分布式馈线自动化

智能分布式 FA 通过配电终端相互通信自动实现馈线的故障定位、隔离和非故障区域恢复供电的功能，并将处理过程及结果上报化主站。其实现不依赖主站、动作可靠、处理迅速，对通信的稳定性和时延有很高的要求。智能分布式 FA 可分为速动型分布式 FA 和缓动型分布式 FA。

1. 速动型智能分布式 FA

速动型智能分布式馈线自动化应用于对供电可靠性要求较高的城区电缆线路，应用于配电线路分段开关、联络开关为断路器的线路上。适用于单环网、双环网、多电源联络、N 供一备、花瓣形等开环或闭环运行的配电网架。

（1）速动型分布式 FA 对环网箱的要求。

1）开关为断路器。

2）开关具备三相保护电流互感器（TA），零序 TA（可选配）。

3）环网箱配置母线电压互感器（TV）。

4）断路器分闸动作时间≤60ms。

5）开关取能单元应在不依赖于后备电源的情况下，满足操作机构动作的能量需求。

（2）参数配置要求。配套具备速动型分布式馈线自动化功能的配电终端，同时具备配电自动化要求的遥测、遥信、遥控、故障录波、故障事件、历史数据等基本功能。

1）变电站出口保护应整定为限时速断，动作时间按照标准保护时限阶段 Δt 不小于 0.3s 整定。

2）配电终端设备宜与变电站侧保护特性相同，如同为定时限特性。

3）时限参数充分考虑变电站出口断路器的动作时间、配电线路断路器的动作时间。

4）判断与动作的逻辑及参数，满足在变电站出口保护动作出口之前快速完成故障区段定位及隔离的原则。

5）负荷转带限值应小于联络电源及线路的最大负载允许值。

6）当描述本开关及相邻开关连接关系的静态拓扑模型发生变化时，仅需修改相邻的终端参数。

2.　缓动型智能分布式 FA

缓动型智能分布式 FA 应用于配电线路分段开关、联络开关为负荷开关或断路器的线路上。配电终端与同一供电环路内相邻配电终端实现信息交互，当配电线路上发生故障，在变电站出口断路器保护动作后，实现故障定位、故障隔离和非故障区域的恢复供电。

3.4.4　配网短路级差保护配置原则

变电站站外线路保护级数宜不多于三级。定义变电站出线开关后的第一个分段开关为第一级开关；10kV 大分支首端开关或者长线路主干线距末端约 1/3 处分段开关为第二级开关；用户分界开关为第三级开关。

1.　变电站出线开关保护配置建议

220kV 变电站 10kV 出线开关宜配置三段式过电流保护，分别为过电流I段保护、过电流Ⅱ段保护、过电流Ⅲ段保护。

110kV 变电站 10kV 出线开关宜配置两段式过电流保护，分别为过电流Ⅱ段保护、过电流Ⅲ段保护。

35kV 变电站 10kV 出线开关宜配置两段式过电流保护，分别为过电流Ⅱ段保护、过电流Ⅲ段保护。

在确保 110kV 及以上变电站出线满足站外三级级差保护配置、35kV 变电站出线满足站外两级级差保护配置的基础上，可根据实际需求适当调整站内 10kV 出线开关保护延时。

站内出线开关过电流Ⅰ段保护定值选取应可靠躲过本段线路末端最大短路电流，并通过变电站母线最小短路电流灵敏度校验；过电流Ⅱ段保护定值选取应与下段线路过电流Ⅰ段保护定值配合，并通过本段线路末端最小短路电流校验；过电流Ⅲ段保护定值选取应躲过本条线路最大负荷电流，并通过本条线路末端最小短路电流校验。

对于供电半径较短的配电线路，由于各级开关电流值差别不大，仅依靠保护动作延时时间级差配合可实现故障有选择性地切除，电流保护定值可不作差异化设置。

2. 第一级保护配置建议

第一级开关的保护称为第一级保护。第一级开关配置两段式过电流保护。

第一级开关过电流Ⅱ段保护定值选取应能可靠保护本段线路全长且小于出线开关过电流Ⅱ段保护定值；过电流Ⅲ段保护定值选取应躲过本条线路最大负荷电流，并通过本条线路末端最小短路电流校验，且小于出线开关过电流Ⅲ段保护定值。

对于供电半径较短的配电线路，各级开关电流保护定值可不作差异化设置。

3. 第二级保护配置建议

第二级开关的保护称为第二级保护。第二级开关配置两段式过电流保护。

第二级开关过电流Ⅱ段保护定值选取应可靠保护本段线路全长，定值与上一级开关保护定值配合；过电流Ⅲ段保护定值选取应躲过本条线路最大负荷电流，并通过本条线路末端最小短路电流校验，且小于第一级开关过电流Ⅲ段保护定值。

对于供电半径较短的配电线路，各级开关电流保护定值可不作差异化设置。

4. 第三级保护配置建议

用户分界开关的保护称为第三级保护。第三级开关配置两段式过电流保护。

第三级开关过电流 I 段保护定值选取应躲过配电变压器低压侧最大短路电流折算至配电变压器高压侧电流且小于上级开关 II 段保护电流值；过电流 III 段保护定值选取应可靠躲过配电变压器最大负荷电流和冷启动电流。

3.4.5　配网接地级差保护配置

对于小电流接地系统的接地保护，应主要采用配电终端（DTU、FTU）的小电流接地保护功能进行判断，保护延时级差时间根据具体需求调整。对于跨越森林、草原等火灾高风险地区的线路，接地故障保护动作不设置延时。

1. 小电流接地系统接地保护配置

对小电流接地系统配电线路的接地保护，应投入配电终端（DTU、FTU）的小电流接地保护功能。变电站站外线路开关接地保护级数不宜少于三级。

末级开关延时动作时间、上下级保护延时级差时间根据具体需求调整。对穿越林区、有特殊防火要求以及电缆同沟等易发生火灾的线路应考虑隔离接地故障或熄弧的快速性要求，接地故障保护动作不设置延时。

2. 小电阻接地系统接地保护配置

对于小电阻接地系统，由于配电线路的零序阻抗较小，线路上不同地点发生单相接地故障时零序电流差别不大，一般配置零序电流 III 段保护即可，上下级的配合通过动作时限实现。

站内出线开关配置一段式零序过电流保护。站外开关零序过电流保护需通过时间级差与站内开关配合。

3.4.6　级差保护+馈线自动化

故障处理模式以"级差保护+集中型 FA"为主，A+类供电区域电缆线路可采用智能分布式 FA 或差动保护。

参与 FA 启动条件、动作逻辑的设备，应完成自动化联调，并测试合格。变电站误发历史遥信、主配网信息交互乱序等影响 FA 功能正常运行的反措要求已落实到位。

级差保护与集中型 FA 配合时，级差保护用于故障快速隔离，再由集中型馈线自动化实现故障区间最小化隔离及非故障区间恢复供电。

小电阻接地系统单相接地故障处理参照短路故障处理模式，利用零序电流保护，采用"级差保护+集中型 FA"配合，实现接地故障快速切除以及非故障区间恢复供电。

1. 短路故障处理

在故障发生后，级差保护完成故障切除，通过"开关分闸+保护动作/事故总"条件启动集中型馈线自动化功能，根据配电终端上送的告警、动作情况进行故障区间判断，实现故障区间定位、隔离和非故障区间恢复供电。

2. 小电流接地系统接地故障处置

（1）对集中型馈线自动化，采用一二次融合开关启动馈线自动化，利用配电终端接地告警信息，定位故障区段（针对存在保护动作的情况，馈线自动化给出较为准确的故障区段），实现故障定位、隔离和非故障区段的恢复供电。

（2）对一二次融合开关仅投接地告警未投跳闸的情况，则综合利用变电站选线装置、母线接地告警信号/母线电压越限、配电终端接地保护等信号，启动故障研判功能，给出研判故障区段，用以辅助故障隔离和非故障区段的恢复供电。

（3）对基于故障录波的故障研判方式，通过云主站部署的接地算法服务器，实现对各类终端的录波波形分析，实现故障区段的研判。

第4章 配电自动化缺陷和故障分析

4.1 配电自动化常见缺陷

配电自动化设备现场运行常见缺陷可以分为遥控操作失败、遥信信号与现场实际不符、遥测数据错误、终端掉线、终端频繁上下线等。

4.1.1 遥控操作失败

当需要进行控制操作时，对要操作的设备点选"控制操作"，进入密码校验界面，密码校验通过后，进入遥控预置阶段，终端收到遥控预置信息，在规定时间内反馈给主站，主站在规定时间内收到终端反馈信号，则判为预置成功。下一步，开展遥控执行指令下发，遥控指令下发给终端后，触发脉冲信号，通过分合闸继电器的吸合，启动电动机的控制回路，电动机带动操作机构转动，控制开关分合。

遥控操作失败的主要原因可以归纳为以下几个方面。

1. 通信不稳定

现场终端存在信号不稳定、时续时断的情况，出现遥控预置成功，但遥控执行时，因信号不稳定，终端未收到遥控执行而超时，导致遥控操作失败。

2. 一次设备损坏

（1）操作机构卡涩、损坏等原因，致使无法完成操作。

（2）TV损坏、TV接线错误、后备电源失电等原因，导致无法启动操作。

（3）开关辅助触点受潮湿、凝露、高温、震动等环境因素影响，导致损坏、锈蚀或短路，使得一次设备无法接收遥控指令。

（4）开关遥控分合闸功能闭锁，由于储能状态不正确、开关在"五防"机械闭锁状态等原因，导致闭锁遥控分合闸操作。

3. 终端遥控输出模块损坏

终端主控板收到遥控命令后，一般通过相应的继电器动作，遥控命令出口至开关设备，当终端内部继电器或继电器连接线出现问题时，导致遥控命令无法输出。

4. 终端与一次设备接线错误

终端与一次设备之间的连接通常是利用航空插头或端子排将终端内继电器的输出与一次设备内部开关辅助触点相连接，若航空插头或端子排接线错误，一次设备将无法接收遥控命令。

4.1.2 与现场实际不符

1. 主站遥信状态与设备状态不对应的情况

（1）开关位置信号显示为错误态，与现场开关状态不一致。

（2）终端遥信状态如装置故障信号、交流失电信号、电池欠压信号、就地/远方信号等与设备状态不一致。

2. 主站遥信状态与设备状态不对应的原因

（1）终端遥信点号取反错误。因终端与主站厂家对于状态信息的定义不同，有些终端厂家将"1"定义为"合闸"，将"0"定义为"分闸"，有些则相反。在现场调试阶段，需对状态量做统一处理，故可能会对终端采集到的遥信信息做取反后再上传给主站便于主站解析，若终端未设置正确的遥信转发点表，则会导致未能向主站上送正确的遥信点位。

（2）接线回路故障。因运行环境潮湿或防护等级不足等造成辅助触点受潮或错位，辅助触点无法正确地以常开或常闭状态反应相应的状态位；因遥信控制线电缆头金属裸露部分太短，或者施工工艺原因，导致端子排压接到控制线电缆绝缘层但未与金属部分良好接触，或者与金属部分有接触但螺丝未拧紧，造成接触不良；遥信控制电缆接线错误，不能形成正确回路。

（3）主站显示位置与现场开关位置不符，并非同一开关。主站侧图模信息维护有误，主站图模中设备位置与现场实际位置不符，导致主站上设备状态与对应位置的现场设备状态不对应。

（4）故障告警信号误报或漏报。电缆铠装层接法错误或未包绕绝缘层，导致零序 TA 监测到故障分流，误报故障信号；终端侧遥信点表与主站侧遥信点表不对应，终端转发至主站的"故障告警信号"遥信点位实际上被其他遥信点替代，导致其他遥信点发生变化时，终端误报告警信号；TA 二次回路开路、参数不满足要求、安装不完整、端子排短接等原因均会导致终端无法监测到故障电流，从而没有故障告警信号；终端故障电流告警阈值或时限设置错误，软件程序有缺陷，电源管理模块或后备电池损坏，均会导致配电终端监测到故障电流，但未有相应记录（Sequence of Event，SoE）；终端与主站之间通信通道终端或终端未设置正确的通信规约或遥信转发点表，导致终端未向主站上送 SoE 记录或主站无法解析 SoE 信息；主站前置服务器未向实时数据服务器传送报文数据或未在主站录入相应的终端回路信息点表，均会导致主站无法保存或解析 SoE 记录。

（5）终端接线有虚节点。由于站房或柱上开关的工作环境一般较为恶劣，尤其是部分地区站房或柱上开关周边潮湿高热的情况比较突出，致使开关柜或柱上开关的二次遥信触点出现氧化导致线路接触不良，或二次线路的螺丝因共振出现松脱，或设备安装时二次接线不可靠，均会导致实际开关并未动作，但终端频繁误报开关动作信息。

（6）终端程序版本过低。对于软遥信点位，终端通常通过检测相关电压、电流和持续时间来判断相应的遥信点位状态，若终端软件逻辑存在问题，则会在相应的软遥信点位状态未发生变化时，上报遥信变化信息至主站。

（7）终端遥信板损坏或接触不良。终端遥信板光电耦合器损坏或转换回路故障，导致无法读取、处理遥信点位；或是终端遥信开入板因安装工艺等原因，未与终端底板形成良好接触。

4.1.3　遥测数据错误

配电终端通过采集装置实现对一次设备在正常或线路故障下的实时运行数据进行采集，若终端无法实时、准确地将一次设备运行数据传送到主站后台，导致主站后台接收到的遥测量与现场不符或出现不一致的情况。综合现场处理经验，一般可简单归纳为以下几种情况。

（1）后台转发系统配置错误。当主站出现某一回路或某几个回路的遥测数据异常，可能由于转发系数设置错误，一般来说，各开关回路的转发系数与接入终端的生产厂家、设备型号及各回路 TA 变比等因素有关，当出现不一致时，应根据现场实际情况调整。

（2）主站与终端遥测点表配置错误。核对主站与终端遥测点表配置是否一致，若点表配置错误，主站展示的遥测数据可能会出现"错位"的情况，从而导致主站遥测数据错误的现象。

（3）终端遥测板故障。当终端显示某接入回路的电流遥测值为零，可能发生电流互感器开路或终端遥测板故障，现场巡视人员可通过钳形电流表进一步研判；若某接入回路电流钳形电流表读数为零，则可判断为该回路出现了 TA 开路；若某接入回路电流钳形电流表读数不为零，则基本可判断为终端的遥测板件出现了故障，巡检人员可根据不同缺陷描述进行下一步处理。

（4）终端与一次设备的二次接线错误。配电终端通过航空插头或端子排与一次设备连接，若航空插头或端子排的二次接线错误，将会导致终端采集的遥测信息错误。

（5）终端内部 TA（TV）变比与一次设备变比不一致。当终端内部 TA（TV）的变比配置与一次设备变比不一致，终端无法正确解析遥测数据。

4.1.4　终端离线或频繁上下线

终端离线或频繁上下线均可导致终端无法与主站进行通信，终端采集的数据无法上送主站，主站的指令也无法下发到终端。常见原因如下。

（1）终端硬件问题。终端通信模块损坏、电源模块损坏、SIM 卡或卡槽故障、加密模块故障、主控模板故障、终端 MAC 地址重复，导致信息链路出现问题，无法同时上线等均会导致终端出现长时间离线或频繁上下线的情况。

（2）终端软件问题。终端软件版本过低、软件逻辑问题等均可导致终端出现离线的情况，此时应及时升级软件版本。

（3）通信通道问题。常见的原因主要有光纤挖断、光纤通信网线插头损坏、无线运营商机房与配电自动化通信机房通道有问题、无线运营商与配电自动化主站间的通信协议未调通、无线通信卡欠费、无线通信卡未实名制、光纤接线不稳定、无线信号较差等。

（4）安防设备问题。因加密卡模块、软件加密通道、安防通信策略等软、硬件的异常或故障，导致配电自动化终端业务通信终端或数据处于暴露的明通状态；交换机故障、工作电源断开或交换机与终端之间的网线故障（网口水晶头松脱、水晶头安装不规范、电缆有断口出现等），无法将终端通信数据发送到主站服务器。

4.1.5 其他缺陷

1. 终端箱体内潮湿凝露

当外界温度明显低于终端箱体内温度，箱内空气容易在箱壁面凝露，造成箱内潮湿，可通过加装冷凝装置、散热器或除湿器，或在箱内放置吸附剂来达到消除凝露的作用。

2. 终端箱体内误入异物

当箱体电缆进线孔封堵不完整，老鼠、蚂蚁、壁虎等小动物会爬入箱内，对箱体设备造成一定影响。

3. 终端二次接线松动

终端验收把关不严，会造成部分终端二次接线松动。

4. 终端维护安全距离不足

现场施工阶段，未按图施工，终端安装位置离带电设备距离不足，验收时没有及时要求施工人员纠正。

5. 标签标识错误

施工人员未根据图纸对现场设备进行命名，未能认真核对终端 ID、IP 等信息。

4.2 运行缺陷的影响因素

配电自动化设备运行缺陷的影响因素主要有安装位置、通信方式、自然环境、人为因素（交通车辆）、超高压线路影响、系统运行条件、故障类型、负载情况等。运行隐患的影响因素如图 4-1 所示。

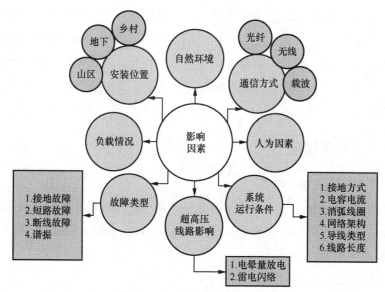

图 4-1　运行隐患的影响因素

4.2.1　设备安装位置

1. 安装在山区的配电自动化设备

安装在山区的配电自动化设备如图 4-2 所示。

图 4-2　安装在山区的配电自动化设备

在运行过程中的常见故障包括自然因素和通信原因导致的设备运行故障。自然因素引起的故障包括春夏之际配电线路走廊内因超高树上没有及时砍伐导致线路对导线放电、短路等事故；以及由树木和灌木丛引起的短路或断线故障。雷雨天气来临之际，配电网还会遭遇因雷电导致的线路短路、支持绝缘子闪络、避雷针损坏等事故；冬季则常因导线覆冰导致发生各类线路故障。通信原因引起的故障包括设备掉线、误报、宕机、遥控拒动、遥控误动、数据丢包等导致的集中式或分布式 FA 不能正常工作的现象。

2. 安装在地下的配电自动化设备

安装在地下的配电自动化设备如图 4-3 所示。

图 4-3　安装在地下的配电自动化设备（地下室配电设备）

运行隐患主要包括由防水或排水不当引起的配电自动化设备灌水；通风不当引起的配电设备异常温升导致绝缘性能下降；防潮不当引起的设备表面凝露，使得绝缘受潮导致绝缘性能下降等。因此，配电室内应有良好的排水设施，配电室电缆层或电缆沟内不应有积水，墙面不得有凝露。配电室电缆引出建筑物外时，应有可靠的防止室外雨水倒流措施，以免引起雨水倒灌到配电室内，威胁配电室开关柜等电气设备的安全运行。

3. 安装在乡村的配电自动化设备

安装在乡村的配电自动化设备如图 4-4 所示。

运行隐患主要包括外界因素、设备因素和人为因素导致的设备运行故障或事故。

（1）外界因素。主要包括恶劣天气、寒冷天气引发的短路、断线、倒杆和大面积停电事故，因安全距离不足导致的树障故障以及鸟、蛇和鼠等动物引发的故障。

图 4-4　安装在乡村的配电自动化设备

（2）设备因素。包括因设备陈旧老化、检修运维不及时引发的故障，因匝间短路、桩头引线脱落等导致的变压器故障以及因避雷器失效导致的故障。

（3）人为因素。包括焚烧农作物秸秆污染绝缘子引发的短路跳闸故障；农民私自拆除电杆拉线、杆塔四周取土导致的电杆倒塌等事故。

4.2.2　通信方式

1. 光纤通信的运行隐患

采用光纤通信需要对通信线路进行定期检修和保养，对周边环境进行特殊处理，以减少运行隐患。光纤通信存在以下潜在的运行隐患。

（1）光纤通信线路可能会受到物理损伤，如被挖掘机等施工机械切断，导致通信线路故障，数据传输受阻。

（2）光纤通信线路的稳定性受天气影响，如遭受龙卷风或暴雪等自然灾害的影响，通信线路可能被损坏，从而影响数据传输。

（3）电力系统中高电压和大电流的存在，可能导致电透过效应，即电场对光纤的相位或折射率的影响，从而导致信号衰减和失真。

（4）通信线路老化可能导致光强度下降，信号失真，甚至光缆破裂，引发通信故障。

2. 电力线通信的运行隐患

(1) 抗干扰能力差。电力线路上存在大量的干扰源，如电弧放电、闪放、电噪声等会对数字信号造成干扰，影响数据传输的质量和稳定性。

(2) 电压损耗。由于电力线路本身的阻抗性质，数字信号传输会受到电缆线路电压损耗的影响，从而导致信号衰减和失真。

(3) 地电位悬浮。在电力线通信中，通信电缆独立接地时，与电网的接地情况之间存在差异，从而导致地电位悬浮，引起通信中断和数据传输的错误。

(4) 通信距离限制。电力线通信的传输距离过远或传输速率过高，可能会引起信号传输失败或误码率升高。

3. 工业以太网的运行隐患

(1) 技术兼容性问题。因工业以太网技术标准的分歧和版本更新较快，不同厂家的产品可能不兼容，导致通信故障。

(2) 通信安全问题。工业以太网通信协议和机制通常较为简单，通信数据易受网络攻击、信息窃听等安全问题的侵害。

(3) 人为原因造成的故障。很多情况下，工业以太网系统的故障和问题是人为原因造成的，如设备选用不当、网络拓扑结构不规范、设备配置错误等，均可能导致通信故障。

(4) 其他外部因素。在工业环境中，受气候、温度、湿度、震动、电磁干扰等多种因素影响，均可能造成工业以太网系统故障。

4. 无线公网的运行隐患

(1) 安全隐患。电力系统通信包含敏感数据，如变电站参数、维护信息、组播视频会议等，存在泄密和信息安全受到威胁的风险。比如，黑客攻击可能会对电力系统的安全和稳定性造成重大危害。

(2) 传输质量问题。电力系统无线公网通信依赖于无线通信设备的稳定性和公共网络通信质量的情况，若无线信号强度不足或网络质量较差，将会影响数据传输、监测和控制的稳定性。

(3) 环境干扰。外部环境中的干扰信号也会对电力系统无线公网通信的质量产生影响，如信噪比较低、周围设备干扰、天气等干扰因素。

(4) 不确定因素。电力系统无线公网通信中有许多不确定性的因素，如信号频谱使用冲突、无线电干扰和网络拥堵，这些因素会对数据的正常传输造成影响。

5. 无线专网的运行隐患

（1）网络安全隐患。无线专网通信涉及交换的数据可能面临外部攻击、入侵和网络病毒等安全隐患，给电力系统带来不可挽回的损失。

（2）物理因素干扰。电力系统无线专网通信必须在高温、湿度、电磁干扰等恶劣环境中运行，若干扰严重会影响通信效果。

（3）硬件设备故障。设备故障会导致通信无法正常运行，甚至影响到整个电力系统。

（4）人为因素。员工随意修改专有协议、设置的操作或系统管理会对系统产生不良的影响，导致通信中断、传输效率低下等不安全情况。

6. 5G 通信的运行隐患

（1）安全隐患。5G 通信中涉及较多的软件和网络连接，会给数据的安全和隐私带来风险，如网络攻击、黑客入侵等可能导致数据泄漏。

（2）停机维护以及故障。5G 技术具有覆盖面广、设备众多、互操作性复杂的特点，设备故障会导致通信无法正常运行，甚至影响到整个电力系统。

（3）攻击风险。5G 技术带来了高速、安全和稳定的网络连接，但同时也具有高风险，攻击者可能利用各种方式来破坏 5G 通信，如拦截通信信息、进行恶意攻击等。

（4）信号干扰。5G 通信需要利用高频信号，因此会受到环境、天气、建筑物遮挡等因素的影响，这可能会导致信号干扰和通信不稳定的问题。

4.2.3 自然环境

主要自然环境因素包括温度、海拔高度、强电磁干扰、风速、太阳辐射强度、防污等级及箱体机械防护能力等。

1. 温度

温度变化会影响信号采集精度、CPU、设备电源、功率放大器和液晶操作等。温度会对电子器件性能造成影响，导致测量精准度误差变大，配电开关一二次融合后，二次设备将处于高温环境中，然而很多二次元件大多是电子器件，工作性能与周围温度有着密切的关系，难以承受强高温的运行工况，因此一次设备的温升很有可能对二次设备造成误动、拒动、精准度下降、死机等现象。

温度的升高会导致电气设备中的 CPU 过热,进而可能引发设备损坏甚至烧毁的情况,故开关电源超温要立即降温,以保证通信电源高效使用。

保证设备的合理排热,是保证设备可靠性和使用寿命的必备条件;功率放大器在高温下性能较差,低温下性能较好,不同的温度会导致功率放大器输出功率、功率附加效率等基本性能参数改变。

液晶显示器件的使用温度范围较窄,温度效应也较为严重,这是液晶器件的主要缺点之一,当温度较高时,液晶态消失,不能显示;当温度过低时,响应速度会明显变慢甚至结晶使器件损坏。

2. 压力

压力主要通过两个方面对一二次融合开关性能产生影响。一方面,不同高度下外部压力不同,海拔升高时开关运行环境压力逐渐减小;另一方面,开关本体、母线、互感器、电缆线等器件固封在开关柜内部绝缘气体中,充气压力一般为 0.13～0.145MPa。高压开关柜如图 4-5 所示。

图 4-5　高压开关柜

不同海拔高度下的相应大气气压见表 4-1。现阶段,IEC 62271 和《3.6kV～40.5kV 交流金属封闭开关设备和控制设备》(GB/T 3906—2020)规定的中压成套开关设备按照海拔 1000m 及以下使用条件设计,暂无符合高气压要求的标准产品。通过采用增大电气间隙、增加爬电距离、采用复合材料等方法能够满足开关设备配电终端绝缘强度的要求，但过多采用复合绝缘或加大爬电距离的方法使得元器件老化速度变快，影响一二次融合设备运行可靠性。

表 4-1 不同海拔条件下的相应大气气压

安装点海拔/m	0	1000	2000	3000	4000	5000
大气气压/kPa	101.3	90	79.5	70.1	61.7	54

平均气压每减少 7.7～10.5kPa，外绝缘强度也会随之递减，下降幅度在 8%～13%，空气密度降低或压力递减，也会对高低压开关设备整体性能造成极大影响，主要表现为设备散热功能伴随空气密度下降逐渐降低。另外随着气体压力的降低，电晕电压也会呈现不断下降的趋势，这一现象会加速绝缘老化，导致线损递增，甚至形成电晕舞动，降低输配电稳定性。

随着融合程度的不断加深，越来越多测控器件需要内置在开关本体内部，长期高压环境使得以空气为绝缘介质的测控单元电气寿命缩短，影响二次设备运行可靠性。不仅如此，当相对空气压力降低 12%时，空气密度降低约 10%，绝对湿度随空气压力和空气密度的下降而减小，造成环境温差加大，终端表面易形成凝露而出现沿面放电现象，降低一二次融合开关运行可靠性。

3. 湿度

对于沿海地区或长期降雨地区，气候以潮湿为主，而且沿海地区还伴随着高盐的情况，很容易导致一二次融合设备周边的湿度急剧增加。设备表面会因湿气的影响造成绝缘材料介电强度减弱，导致表面击穿、漏电等情况。设备内部在潮湿的环境中会结成水珠附着于零部件，尤其是当电子器件接触点出现水珠时，会在短时间内造成零件氧化以及腐蚀等情况，会出现接触不良以及火花等问题，严重时会直接造成设备损毁。潮湿的空气容易使设备受潮锈蚀、电路老化，潮湿的空气会在绝缘材料表面凝结成结晶水，绝缘材料表面的绝缘能力会大大降低。如果空气中的灰尘溶解在结晶水中，就会在绝缘材料表面形成一个小电弧，进一步破坏绝缘材料的表面绝缘，绝缘材料的绝缘性能就会降低。

一二次融合设备在潮湿环境中绝缘性能下降、发霉、氧化生锈，不但会影响电能的顺利分配，降低运行效率、增加损耗、缩短设备使用寿命、增加维护费用，甚至会造成短路、漏电等危险，引发触电和火灾事故。

4.2.4　人为因素（交通车辆）

交通车辆在现场行驶时，如果与设备或设备周围的结构物相撞，可能导致设备的损坏或破坏，造成设备故障。交通车辆对现场设备的运行可能带来以下隐患。

（1）振动影响。车辆经过会产生振动，在不稳固的设备上可能引起松动、脱落或断裂，从而导致设备失效或降低设备的可靠性。

（2）引发火灾风险。某些设备如果具有易燃或爆炸性质，车辆排放的废气可能存在点火风险，增加了火灾的潜在风险。

（3）污染问题。交通车辆的尾气和碎屑可能污染设备，特别是对于敏感设备或需保持清洁环境的设备而言。某些工业场所中，车辆排放的废气还可能影响空气质量，对人体健康产生负面影响。

4.2.5　超高压线路影响

1．电晕放电

高压线路电晕放电会产生高频脉冲电流，其中包含的各种高次谐波会造成无线电干扰，进而影响利用无线通信的线路自动设备。另外智能开关、光电式电流电压互感器等设备的技术成熟，越来越多的二次设备需要工作于一次设备产生的强电磁干扰环境中，导致二次设备的运行情况易受一次设备环境的影响，如设备操作过电压、短路故障、雷电、高电压大容量开关设备、高频载波、焊接作业的电火花等。一方面，这些外部干扰产生的系统振荡过程中电感的磁场能量与电容的电场能量互相转换，在某一瞬间储存于电感中的磁场能量会转变为电容中的电场能量，当器件接收电磁能量后转化为大电流或高电压，引起接点、部件或回路间的电击穿，导致器件损坏或瞬时失效。对有金属屏蔽的电子设备，虽然壳体外的电磁能量不能直接侵入设备内部，但在壳体上感应的脉冲大电流一旦引入壳内电路，就足以使内部敏感器件损坏，影响电路工作性能。另一方面，配电开关作为线路保护的关键设备，由二次设备对其进行远程操控，开关动作时触头间电弧燃烧、重燃在母线上产生的高频瞬态电磁场可通过空间辐射或互感器经连接电缆耦合至控制器，造成内部设备之间相互串扰，从而引起二次设备误动、拒动。

2. 雷电闪络

配电线路的雷击也是导致二次设备异常的重要原因。由于受到直击雷和感应雷时产生很高的电压，导致线路出现过电压，并通过空间辐射或线路传导方式耦合至控制器引起控制器故障，影响开关设备正常工作。雷电干扰传播路径如图 4-6 所示。

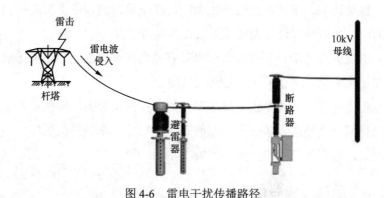

图 4-6　雷电干扰传播路径

雷击杆塔时由于直击雷过电压和感应雷过电压，传输线上产生的高频雷电波经一次设备侵入变电站母线，一部分通过设备杂散电容传入控制电缆，另一部分耦合至二次电缆屏蔽层产生感应过电压。

4.3　配电常见故障

4.3.1　接地

接地故障是指相线、中性线等带电导体与"地"间的短路。这里的"地"是指电气装置内与大地有连接的外露导电部分和装置外导电部分。接地故障引起的间接接触电击事故是最常见的电击事故。接地故障引起的对地电弧和电火花则是最常见的电气短路起火源。就引起的电气灾害而言，接地故障远比一般短路更具危险性，而对接地故障引起的间接接触电击的防范措施远比对直接接触电击防范措施复杂。

电力系统中的接地故障一般主要包括电弧接地故障和单相接地故障，下面分别进行分析。

1. 电弧接地故障

在 10kV 中性点不接地系统中，当发生一相对地短路故障时，常出现电弧。由于系统中存在电容和电感，此时可能引起线路某一部分的振荡。当电流振荡零点或工频零点时，电弧可能暂时熄灭。事故相电压升高后，电弧则可能重燃，这种现象为间歇性电弧接地。

接地故障会对设备现场运行带来安全隐患，电弧会产生高温和高压，会损坏电气设备的绝缘材料，从而导致设备受损，甚至损坏。电弧会产生强烈的光芒、声响和烟雾，会对人体产生刺激，会损伤眼睛和耳朵，甚至会引起呼吸道疾病。同时，电弧还会产生强大的电场和电流，会对人体产生电击和电击，会威胁人体的安全。此外，电弧会使空气中的氧气和可燃气体发生化学反应，从而产生高温、火花和火焰，容易引发火灾。

电弧接地故障如图 4-7 所示。

(a)   (b)

图 4-7　电弧接地故障
（a）碰树电弧接地；（b）电弧接地

电弧接地故障的特点如下。

（1）相电压突然降低而引起的放电电容电流。此电流通过母线流向故障点，放电电流衰减很快，其振荡频率高达几十千赫甚至几百千赫，振荡频率主要决定于电网线路的参数、故障点的位置以及过渡电阻的数值。

（2）由非故障相电压突然升高而引起的充电电容电流。此电流通过变压器线圈形成回路。由于整个流通回路的电感较大，因此，充电电流衰减较慢，振荡频率也较低。由于放电电流频率高、衰减速度快，对于接地选线的作用不大；而充电电流幅值大、频率较低、衰减速度慢，有利于测量，在接地选线中起主要作用。

（3）暂态分量的特征基本不受中性点接地方式的影响，各线路零序电流以高频衰减的暂态分量为主，暂态分量可达工频稳态分量的几倍、几十倍甚至上百倍。

（4）电弧接地时暂态分量的频率与电网结构、变压器参数、故障地点等多种因素有关，其值为一不确定值。但故障线路与非故障线路的零序暂态电流在频率、衰减速度等特性相同。无论在何种接地方式下非故障线路零序暂态电流的大小与本线路对地电容的大小成正比，而故障线路零序暂态电流等于所有非故障线路零序暂态电流之和，且方向相反。这与中性点不接地系统中零序稳态电流特性相同。

（5）当接地电阻较小时暂态分量远大于稳态分量。但零序暂态电流的大小随电弧电阻的增大呈指数规律递减，同时零序暂态电流的衰减速度随电弧电阻的增大而极速增快。

2. 单相接地故障

在小电流接地系统中，单相接地是一种常见的临时性故障，多发生在潮湿、多雨天气。发生单相接地后，故障相对地电压降低，非故障两相的相电压升高，但线电压却依然对称，因而不影响对用户的连续供电，系统可运行 1～2h，这也是小电流接地系统的最大优点。

然而，若发生单相接地故障时电网长期运行，可能引起较大的电流流过故障线路，使得绝缘的薄弱环节被击穿，甚至发展成为相间短路，使事故扩大。首先，会导致设备损坏，高电流的短路会加热电缆或设备的铁心、线圈或其他部分，导致绝缘层短路、电缆断裂或设备烧毁等；弧光接地还会引起全系统过电压，进而损坏设备，破坏系统安全运行。其次，当单相接地故障发生时，电流没有足够的"回路"，因此会产生较大的磁场，影响到周围的设备和人员，如果未能及时处理，可能会造成人员受伤或者电气火灾发生。最后，由于电气故障会造成设备停机，从而导致设备停运，业务中断，这将直接影响到经济的生产和周围居民的生活。因此，值班人员一定要熟悉接地故障的处理方法，当发生单相接地故障时，必须及时找到故障线路予以切除。

单相接地故障如图 4-8 所示。

图 4-8 单相接地故障

单相接地故障特征如下。

（1）当发生一相（如 A 相）不完全接地时，即通过高电阻或电弧接地，这时故障相的电压降低，非故障相的电压升高，它们大于相电压，但达不到线电压。电压互感器开口三角处的电压达到整定值，电压继电器动作，发出接地信号。

（2）如果发生 A 相完全接地，则故障相的电压降到零，非故障相的电压升高到线电压。此时电压互感器开口三角处出现三倍于原来的相电压，电压继电器动作，发出接地信号。

（3）电压互感器高压侧出现一相（A 相）断线或熔断件熔断，此时故障相的指示不为零，这是由于此相电压表在二次回路中经互感器线圈和其他两相电压表形成串联回路，出现比较小的电压指示，但不是该相实际电压，非故障相仍为相电压。互感器开口三角处会出现 35V 左右电压值，并启动继电器，发出接地信号。

（4）由于系统中存在容性和感性参数的元件，特别是带有铁心的铁磁电感元件，在参数组合不匹配时会引起铁磁谐振，并且继电器动作，发出接地信号。

（5）空载母线虚假接地现象。在母线空载运行时，也可能会出现三相电压不平衡，并且发出接地信号。但当送上一条线路后接地现象会自行消失。

4.3.2 短路

目前短路故障保护装置采用的保护原理主要为三段式电流保护和电流差动保护。

三段式电流保护是分三段相互配合构成的一套保护装置。第一段是电流速断保护、第二段是限时电流速断保护、第三段是定时限过电流保护。第一段电流速断是按照躲开某一点的最大短路电流来整定，第二段限时电流速断是按照躲开下一级相邻元件电流速断保护的动作电流整定，第三段定时限过电流保护则是按照躲开最大负荷电流来整定。但由于电流速断不能保护线路全长，限时电流速断又不能作为相邻元件的后备保护，因此，为保证迅速而有选择地切除故障，常将电流速断、限时电流速断和过电流保护组合在一起，构成三段式电流保护。

电流差动保护把被保护的电气设备看成是一个节点，那么正常时流进被保护设备的电流和流出的电流相等，差动电流等于零。当设备出现故障时，流进被保护设备的电流和流出的电流不相等，差动电流大于零。当差动电流大于差动保护装置的整定值时，上位机报警保护出口动作，将被保护设备的各侧断路器跳开，使故障设备断开电源。

两种保护原理造成故障保护装置的异动（拒动和误动）原因分析如下：

（1）负载特性的变化可能导致电流波动，导致保护装置误切或未切，从而产生异动。

（2）装置中的电子元器件老化：电子元器件在大量使用后会出现性能下降，如果装置中的电子元器件老化引起其敏感性下降，则会出现误切或漏切问题，导致异动。

（3）通信延迟：当多个设备连接在同一个配电网络上时，设备之间的通信延迟会影响到配网短路故障保护控制的速度和准确性。

（4）设备外部环境变化：例如气候变化、人为操作带来的地质变化等，都可能导致设备外部的环境条件变化，从而影响到了设备的运行和保护装置的判断。

（5）装置设计不合理：如电流保护装置设计不合理，如灵敏度设置过低、忽略负载的特殊情况、容错性能差等，都会增加异动的概率。

4.3.3　断线

电力系统断线是指电路中某些线路或设备的出现断裂，导致电流无法正常流通的一种故障。在电路中，如果某个电缆、开关等设备损坏或松动，就有可能导致该电路出现断线，在这种情况下，电力系统中的电流将不能顺畅流通，电路上的负载无法正常工作，甚至会出现安全隐患。电力系统断线可能会发生在高压侧、中压侧或低压侧等不同位置，也可以是单相或三相等不同形式。不同位置和形式的断线故障对电力系统的影响也不同，比如在高压侧出现的断线故障可能会导致整个电力系统中断，而在低压侧出现的断线则可能只会影响部分负载。

电力系统断线根据出现的位置可以分为高压、中压、低压侧断线，高压侧表示在电力系统的输电段发生断线，中压侧表示在配电段发生断线，低压侧通常发生在终端用户设备侧。根据线路缺失的相数可以分为单相、两相、三相断线，单相断线表示在三相交流电路中只有一相的线路出现了断开故障，两相断线通常指其中的两相线路断开，而三相断线则指三相线路同时失效的情况。根据出现原因可以分为过载断线、短路断线、跳闸器故障断线、异物击打断线、其他原因造成的断线等。其中，过载断线为承载体负荷超出额定负荷能力引发线路过载导致的断线。由于两个或更多相线路之间彼此短路，导致线路的瞬时承载电流过大，引发线路断开的故障称为短路断线。跳闸器故障断线为跳闸器继电器发生故障导致全部或一部分负载失去电力供应。异物击打断线为外部异物进入电力系统中导致缺失线路。其他原因造成的断线中有电线老化损坏、设备故障、组装失误等原因。针对不同的断线情况，要采取不同的修复方案，维护电力系统的运行安全与稳定。

电力系统断线可能会导致严重的运行隐患，主要有以下几个方面：

（1）电力系统宕机：一旦电力系统中出现断线故障，可能会使某些设备或区域无法得到正常的电力供应，进而影响工作和生活，尤其是对于重要的区域或负载会造成巨大的经济损失。

（2）火灾：电力系统中出现断线问题可能会导致电线和设备发生短路，进而引起火灾。这种情况下，可能会对周边环境造成极大的威胁，不仅会危及人员生命安全，还可能导致建筑损毁或重大经济损失。

（3）电击：电线或设备出现断线问题可能会导致电线暴露在空气中，存在电击危险。如果人员误操作或靠近这些暴露的电线，可能会触电受伤甚至死亡。

（4）电力质量降低：在电力系统出现断线故障的情况下，电力系统不能正常工作，只有部分负载得以通电，此时电力质量很可能出现下降，如电压、频率波动等，影响业务及设备正常运行。

因此，电力系统的断线问题必须及时得到修复，以确保电力系统的正常运行，维护人员与设备的安全和稳定。同时，对电力系统进行监测和预测，防范与减轻出现断线隐患对人、设备及环境等产生损失的风险。

4.3.4　谐振

电力系统中许多元件是属于电感性的或电容性的，如电力变压器、互感器、发电机、消弧线圈为电感元件，补偿用的并或串联电容器组、高压设备的寄生电容为电容元件，而线路各导线对地和导线间既存在纵向电感又存在横向电容，这些元件组成复杂的 LC 振荡回路，在一定的能源作用下，特定参数配合的回路就会出现谐振现象。

1. 铁磁谐振产生的原因

由于铁心电感的磁通和电流之间的非线性关系，电压升高导致铁心电感饱和，容易使电压互感器发生铁磁谐振。在中性点不接地系统中，如果不考虑线路的有功损耗和相间电容，仅考虑电压互感器电感 L 与线路的对地电容 C，当 C 达到一定值，且电压互感器不饱和时，感抗 X_L 大于容抗 X_C 而当电压互感器上电压上升到一定数值时，电压互感器的铁心饱和，感抗 X_L 小于容抗 X_C 这样就构成了谐振条件，以下几种条件可以造成铁磁谐振：①电压互感器的突然投入；②线路发生单相接地；③系统运行方式的突然改变或电气设备的投切；④系统负荷发生较大的波动；⑤电网频率的波动；⑥负荷的不平衡变化。

（1）中性点不接地系统铁磁谐振产生的原因。中性点不接地系统中，为了监视绝缘，发电厂、变电所的母线上通常接有 Y0 接线的电磁式电压互感器，由于接有 Y0 接线的电压互感器，网络对地参数除了电力导线和设备的对地电容 C外，还有互感器的励磁电感 L，由于系统中性点不接地，Y0 接线的电磁式电压互感器的高压绕组，就成为系统三相对地的唯一金属通道。正常运行时，三相基本平衡，中性点的位移电压很小。但在某些切换操作如断路器合闸或接地故障消失后，由于三相互感器在扰动后电感饱和程度不一样而形成对地电阻不平衡，它与线路对地电容形成谐振回路，可能激发起铁磁谐振过电压。电压互感器铁心饱和引起的铁磁谐振过电压是中性点不接地系统中最常见和造成事故最多的一种内部过电压。在实际运行设备中，由于中性点不接地电网中设备绝缘低，树线矛盾以及绝缘子闪络等单相接地故障相对频繁，一般说来，单相接地故障是铁磁谐振最常见的一种激发方式。

（2）中性点直接接地系统铁磁谐振产生的原因。假设中性点直接接地，那么电压互感器绕组分别与各相电源电势相连，电网中各点电位被固定，不会出现中性点位移过电压；假设中性点经消弧线圈接地，其电感值远小于电压互感器的励磁电感，相当于电压互感器的电感被短接，电压互感器的变化也不会引起过电压。但是，当中性点直接接地或经过消弧线圈接地的系统中，由于操作不当和某些倒闸过程，也会形成局部电网在中性点不接地方式下临时运行。在中性点直接接地电力系统中，一般铁磁谐振的激发因素为合刀闸和断路器分闸。在进行此操作时，由于电路内受到足够强烈的冲击扰动，使得电感 L 两端出现短时间的电压升高、大电流的振荡过程或铁心电感的涌流现象。这时候很容易和断路器的均压电容 C_K 一起形成铁磁谐振。

2. 铁磁谐振的危害

铁磁谐振会在线路上产生过电压，同时可能在非线性电感中产生巨大的过电流，使电感线圈温度升高，从而引起电力系统中继电保护装置误动作，设备损坏，严重威胁电网安全运行。变压器的接地短路的后备保护通常是由接地故障时变压器中性点出现的接地电流，母线出现的零序电压等电气量构成的。由于铁磁谐振在母线上产生的过电压可能会使变压器的接地短路的后备保护误动，对保护的正确动作有很大的影响，从而影响电网的安全运行。

首先，铁磁材料具有磁导率较高的特性，在电力系统中，当电流突变或产生谐振时，铁磁材料可能会引起高频电路成分。这些高频成分可能干扰接地故障保护装置的正常工作并产生误动。其次，当电流突变或谐振时，铁磁材料中的铁心会面临饱和效应。铁心饱和会导致其磁导率降低，进一步增加了高频成分的产生。这可能导致接地故障保护装置误判为接地故障的存在。再者，如果铁磁材料的谐振频率与电力系统中其他元件的谐振频率相匹配，将产生共振效应。在共振状态下，铁磁材料可能会提供更低的阻抗路径，导致电流通过铁磁材料流失，而不是经过接地故障保护装置。这可能导致保护装置误动或无法检测到实际的接地故障。总之，由于铁磁材料的特性和电力系统参数之间的相互作用，导致高频成分产生、铁心饱和、谐振频率匹配等现象发生，因此铁磁谐振会导致接地故障保护误动，进而影响接地故障保护装置的正常工作。

当铁磁材料的谐振频率与电力系统其他元件的谐振频率相匹配时，铁磁材料将提供较低的阻抗路径，使谐振电流通过 TV 流失，而不是通过传入保护装置。这可能导致 TV 内部电流过大，甚至引发爆炸。TV 爆炸可能导致设备拒动以及谐振过电压，引起设备绝缘损坏。TV 爆炸可能导致电力系统中的电压异常，比如瞬间电压升高或电压波动。这些异常电压可能干扰保护装置或设备的正常工作，导致设备的拒动或误动，可能产生持续的停机时间。TV 爆炸也会引起电力系统中谐振过电压，导致设备绝缘损坏，电气击穿甚至设备烧毁。谐振过电压的严重程度取决于系统频率、谐振电抗、谐振容量等参数。

4.4　系统级功能失效

4.4.1　系统级功能失效定义

系统级功能失效是指由于配电自动化主站、配电终端、通信系统等某个环节设备或者多个环节设备的缺陷导致的配电自动化系统无法正常运行，或是配电自动化系统参数配置错误、配电网继电保护定值整定错误，导致的配电自动化系统处理配电网故障失败。

系统级功能失效主要包括配电网继电保护控制失效、配电网故障定位失效和馈线自动化逻辑处理故障失效 3 类。

1. 继电保护失效

继电保护指检测电力系统故障或异常运行状态，向所控制的断路器发出切除故障元件的跳闸命令或者向运行人员发出告警信号的自动化措施与装备。其作用是保证电力系统安全稳定运行，避免故障引起停电或减少故障停电范围。

根据保护功能，继电保护可分为主保护与后备保护两类。主保护在检测出被保护范围内发生故障后，立即发出跳闸命令，后备保护则需要等待一段时间。后备保护又分为远后备与近后备两类。远后备保护能够反应相邻元件发生的故障，在其保护或断路器拒动时，跳开本元件的断路器；而近后备保护是在本元件主保护拒动时，发出跳闸命令。主保护与后备保护可以是两套独立的装置，如变压器的差动主保护与电流电压后备保护，也可以是一套保护装置完成的两个相对独立的功能，如三段电流保护装置。

配电网采用继电保护处理故障时，一般采用三段式电流保护处理短路故障，采用零序过电流法处理小电阻接地系统单相接地故障，采用零序电流幅值法、无功功率方向法、暂态方向法等保护技术处理小电流接地系统单相接地故障。

当所采用的保护方法与系统运行方式不匹配，或者继电保护参数设置及定值整定错误时，可能造成配电网继电保护失效，最终导致配电网故障处理失败。

2. 故障定位失效

配电网故障定位包括故障区段的判定或故障距离的测量。故障区段定位一般通过配电自动化终端或故障指示器实现，采用主站统一获取故障数据确认故障区段，或者由终端或故障指示器相互通信确认故障区段。故障距离的测量一般采用故障行波测距或阻抗测距原理，由安装在变电站出口或配电线路上的配电终端实现。

当故障定位设备所采用的原理与实现运行线路无法相适应，或者故障定位系统配置的参数与实际线路结构不匹配，以及由于设备、通信缺陷等原因，造成故障区段定位错误或者故障测距与实际故障距离误差超出所允许的范围时，则判定为故障定位失效。

3. 馈线自动化失效

馈线自动化（FA）系统通过主站故障定位算法或者线路上的开关动作配合实现故障的定位与隔离。其中集中型 FA 需要各终端设备将故障信息发送至配电自动化主站，主站根据线路拓扑结构以及各终端上报的信息，通过对应的故障定位算法确定故障点位置，远程遥控或人工分闸隔离故障点，再由变电站出线开关重合恢复非故障区段供电；就地型 FA 通过各级开关配置的就地型馈线自动化逻辑，经过多次动作实现故障点的隔离及非故障区段恢复供电。

（1）集中型 FA 失效。当集中型 FA 因通信问题，主站拓扑错误问题，或终端启动错误等问题，无法有效给出故障区段，或者给出了错误故障区段，以及虽然给出正确故障区段但无法有效执行故障隔离等情况，统称为集中型 FA 失效。

（2）就地型 FA 失效。当就地型 FA 因动作逻辑错误，或馈线自动化类型与网架结构不匹配等原因造成错误定位故障区段或者无法恢复正常区段供电等情况，统称为就地型 FA 失效。

4.4.2　系统级功能失效危害

系统级功能失效主要包括保护控制失效、故障定位失效和馈线自动化失效三个方面。

1. 保护控制失效危害

配电网保护控制失效会对系统及功能造成严重影响，可能会导致以下危害。

（1）系统稳定性下降。配网保护控制失效会导致电力系统内部故障的扩散，使系统稳定性下降。正常的配网保护控制可以及时检测和隔离故障，并防止系统崩溃或进一步损坏。

（2）电网可靠性下降。配网保护控制失效可能导致故障延续时间增加，扩大故障范围，甚至引发连锁反应。这样会导致电网的可靠性下降，可能造成大面积停电或者电网崩溃。失效的保护控制无法提供对电网中电流、电压、频率等参数的监测和控制，无法及时调节和稳定电力系统。这可能导致电力质量下降，电压波动，频率不稳定，甚至引发电网动态稳定性问题。

（3）安全隐患增加。配网保护控制失效会使得故障无法及时隔离和处理，可能导致电网中存在高风险的状态持续存在，增加了安全事故的发生概率。这可能会对设备、人员和环境带来潜在的安全风险。

（4）成本增加。配网保护控制失效后，系统内部故障无法得到及时隔离，可能需要通过其他手段（如切除故障区域）来维持系统运行。这样会增加系统的能耗，造成电能的浪费。

（5）经济损失。配网保护控制失效可能导致大范围停电或电力供应中断，给工业生产、商业运营等领域带来严重的经济损失。此外，由于必须进行紧急修复和恢复工作，还会增加维护和修复的成本。

2. 故障定位失效危害

当配电网故障定位方法失效时，可能会导致以下系统级的危害。

（1）故障恢复时间延长。故障定位是快速修复故障的关键步骤之一。如果定位方法失效，将难以准确找到故障点，导致故障恢复时间延长。这可能引发连锁反应，影响到更多的用户，造成更大范围的停电和生产中断。

（2）故障定位困难。失效的定位方法可能使维护人员无法准确确定故障发生的位置。这将增加定位故障的难度，需要大量的时间和人力资源去排查和检修，增加修复故障的成本和风险。

（3）安全风险增加。失效的故障定位方法可能导致故障未能及时发现和处理。在一些情况下，故障可能会引发火灾、电弧闪络等安全风险，进一步危及人员和设备安全。

（4）对系统可靠性的影响。故障定位是维护配电网稳定性和可靠性的重要环节。失效的定位方法将降低系统的可靠性，因为无法及时检测和隔离故障，会影响电网的连续供电能力，增加停电的风险。

3. 馈线自动化失效危害

不正确的馈线自动化（FA）动作可能会对电力设备的稳定运行、电力供应可靠性、电力质量、安全性和维护复杂度产生不利影响。FA 不正确动作可能会导致以下危害。

（1）电力设备受损。这可能导致电力设备受到不必要的压力或过载，从而引发设备损坏或甚至故障。

（2）电力供应中断。这将对用户造成不便，并可能引发安全问题和经济损失，特别是对于重要的电力用户。

（3）电力质量问题。这将影响电力设备的正常运行和用户设备的稳定工作，可能导致设备损坏或数据丢失。

（4）隔离不足。不正确的 FA 动作可能导致馈线之间的隔离不足，从而增加故障扩大、电流过载和相互干扰的风险。这可能导致馈线系统的可靠性降低和维修复杂度的增加。

4.4.3 配网短路故障保护算法失效机理分析

1. 配电网短路故障的保护算法

配电网短路故障常用的保护算法有三段式电流保护、纵联差动保护及距离保护。它们分别利用故障、不正常运行状态和正常状态下被保护设备的各种运行参数的特征和区别构成保护装置工作逻辑。三段式电流保护反映电流的突然增大，纵联差动保护反映利用两侧电流相位的差别，距离保护反映短路点到保护安装地之间的距离减小。

（1）三段式电流保护。三段式电流保护是由电流速断保护、限时电流速断保护、定时限过电流保护相互配合构成的一套保护。

1）电流速断保护。按躲开本段末端最大短路电流整定。瞬时电流速断保护整定说明如图 4-9 所示。单侧电源辐射形电网的线路 L2 首端 k1 点发生短路故障时，按照选择性动作原则，安装于母线 A 的线路电流速断保护不应动作，所以它的动作电流整定值要躲过（即大于）被保护线路 L1 末端母线 B 上 k2 点出现的最大短路电流值。

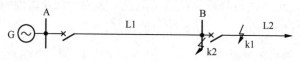

图 4-9　瞬时电流速断保护整定说明

2）限时电流速断保护。按躲开下级各相邻元件电流速断保护的最大动作范围整定，可以作为本段线路一段的后备保护。限时速断保护范围是线路的全长，其保护范围必然要延伸到下一条线路中去，这样当下一条线路出口处发生短路时，它就要起动，为了保证动作的选择性，就必须使保护与下一线路的保护在动作时间上配合，即保护带有一定的动作延时，该延时要保证保护区延伸范围内故障时，首先由下一线路保护动作切除故障。为了使保护动作时间尽量缩短，要使它的保护范围不超出下一条线路速断保护的范围，而动作时限比下一线路的速断保护高出一个时间阶段。限时电流速断保护动作时限的配合关系如图 4-10 所示。

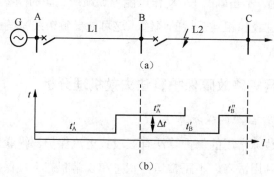

图 4-10　限时电流速断保护动作时限的配合关系

（a）单侧电源的辐射形电网；（b）时限特性

3）过电流保护。按照躲开本元件最大负荷电流来整定，可以作为一二段保护的后备保护，保护范围最大，时限最长。为保证选择性，对于单侧电源辐射性配电系统，过电流保护的动作时限应按阶梯性原则选择，即从负荷侧到电源侧逐级增大动作时限。电源辐射式配电系统的过电流保护如图 4-11 所示。

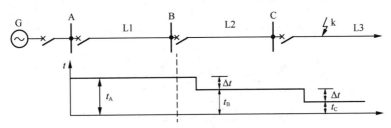

图 4-11　电源辐射式配电系统的过电流保护

（2）纵联差动保护。差动保护是一种依据被保护电气设备进出线两端电流差值的变化构成的对电气设备的保护装置，一般分为纵联差动保护和横联差动保护。变压器的差动保护属纵联差动保护，横联差动保护则常用于变电所母线等设备的保护。

纵联差动保护用某种通信通道将输电线两端的保护装置纵向联结起来，将各端的电气量（电流、功率的方向等）传送到对端，将两端的电气量比较，以判断故障在本线路范围内还是在线。由于纵联差动保护只在保护区内短路时才动作，不存在与系统中相邻元件保护的选择性配合问题，因而可以快速切除整个保护区内任何一点的短路，这是它的可贵优点。但是，为了构成纵联差动保护装置，必须在被保护元件各端装设电流互感器，并将它们的二次线圈用辅助导线连接起来，接差动继电器。以前由于受辅助导线条件的限制，纵向连接的差动保护仅限于用在短线路上，由于光纤的广泛使用，纵联差动保护已可作为长线路的主保护。对于发电机、变压器及母线等，均可广泛采用纵联差动保护实现主保护。纵联电流差动保护原理如图 4-12 所示。

图 4-12 中，两端的电流互感器通过导引线连接起来电流差动继电器跨接在回路中间。设线路两端一次侧相电流为 $\dot{I}_M$ 和 $\dot{I}_N$，电流互感器二次侧电流为 $\dot{I}'_M$ 和 $\dot{I}'_N$，装设于线路两端的电流互感器型号相同，变比为 n_A，电流的参考方向是由保护安装点指向线路。忽略线路分布式电容电流、负荷电流和分布式电源电流的影响，流入差动继电器的电流 $\dot{I}_r$ 为

$$\dot{I}_r = \dot{I}'_M + \dot{I}'_M = \frac{1}{n_A}(\dot{I}_M + \dot{I}_N) \qquad (4-1)$$

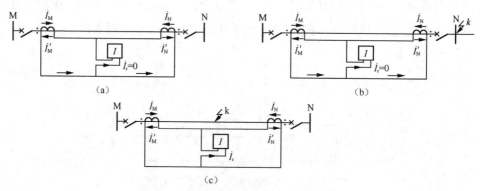

图 4-12　纵联电流差动保护原理

在系统正常运行或被保护线路外部短路时，实际上是同一个电流从线路一端流入，另一端流出，即具有穿越特性特征，流入差动继电器的电流为零，继电器不动作；而在保护范围之内短路时，无论是双侧电源供电还是单侧电源供电，两侧电流相量之和就是流入短路点的总电流，即

$$\dot{I}_M + \dot{I}_N = \dot{I}_k \qquad (4-2)$$

而流入差动继电器的电流是归算到二次侧的电流，即

$$\dot{I}_r = \frac{\dot{I}_k}{n_A} \qquad (4-3)$$

可见，流过差动继电器的电流在被保护线路内部短路时与系统正常运行以及外部发生短路时相比，具有明显的差异，保护具有绝对的选择性。

纵联差动保护要求保护装置通过光纤通道所传送的信息具有同步性。对于超高压长距离输电线路，需要考虑电容电流的影响。线路经大电阻接地或重负荷、长距离输电线路远端故障时，保护灵敏度会降低。

（3）距离保护。距离保护反映故障点至保护安装地点之间的距离（或阻抗），并根据距离的远近而确定动作时间。为了满足继电保护速动性、选择性和灵敏性的要求，广泛采用具有三段式阶梯形时限特性的距离保护，如图 4-13 所示。

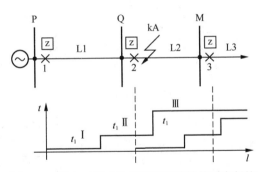

图 4-13 具有三段式阶梯形时限特性的距离保护

三段分别称为距离保护的Ⅰ、Ⅱ、Ⅲ段，它们分别与电流速断、限时电流速断及过电流保护相对应。

距离保护的第Ⅰ段是瞬时动作的，它的保护范围为本线路全长的 80%～85%；第Ⅱ段与限时电流速断相似，它的保护范围应不超出下一条线路距离第Ⅰ段的保护范围，并带有高出一个 Δt 的时限以保证动作的选择性；第Ⅲ段与过电流保护相似，其起动阻抗按躲开正常运行时的负荷参量来选择，动作时限比保护范围内其他各保护的最大动作时限高出一个 Δt 。

距离（阻抗）继电器可根据其端子上所加的电压和电流测知保护安装处至短路点间的阻抗值，此阻抗称为继电器的测量阻抗。当短路点距保护安装处近时，其测量阻抗小，动作时间短；当短路点距保护安装处远时，其测量阻抗增大，动作时间增长，这样就保证了保护有选择性地切除故障线路。

理想运行条件下，阻抗继电器测量阻抗保护安装处到短路点的线路阻抗，实际上有许多因素如系统振荡会影响阻抗继电器的测量阻抗，因此，需要采取措施防止距离保护不正确动作。

系统振荡时测量阻抗的变化如图 4-14 所示。在系统发生振荡时，线路中各处的电压和电流都在作周期性剧烈变化，而且是三相对称性的变化。两侧电源电动势 $\dot{E}_M$ 与 $\dot{E}_N$ 之间的相角差 δ 在 0°～360°之间周期性地变化，母线 A 处继电器测量到的电流 $\dot{I}_M$ 幅值与电压 $\dot{U}_N$ 值随 δ 角的变化曲线分别如图 4-14（b）与图 4-14（c）所示。阻抗继电器测量阻抗 Z_m 是母线处电压与电流之比，δ 角 0°～360°之间变化，Z_m 因此也将周期性地变化。假定 $\left|\dot{E}_M\right|=\left|\dot{E}_N\right|$ ，Z_m 变化轨迹如图 4-14（d）所示。可见，测量阻抗会进入阻抗继电器动作区域时，保护将出现误动作。

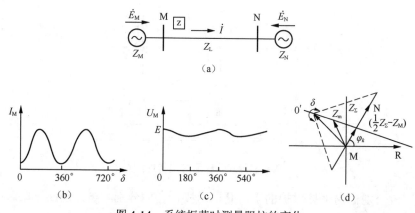

图 4-14　系统振荡时测量阻抗的变化

距离保护仅使用单端信息，不能实现全线速动，算法和接线复杂，可靠性不如电流保护。

2. 配电网短路故障保护算法失效的主要因素及其机理

设备级功能可能会对配电网短路故障保护控制产生影响的因素包括负载特性的变化、装置中的电子元器件老化、通信延迟、设备外部环境变化、装置设计不合理等。

（1）三段式电流保护的参数整定不合理。如果三段式电流保护的参数整定不合理，则有可能发生保护控制失效的问题。

1）电流整定值设置不当，可能导致保护控制失效。如果设定的电流整定值过高，那么在设备发生故障时，保护装置可能无法快速响应。如果整定值设定过低，那么可能会导致保护装置误动和误切，大大降低了保护装置的可靠性。

2）时间设定不合理，保护装置动作时间是三段式电流保护的重要参数之一，决定了保护装置的保护速度。如果保护装置设置的动作时间太长，那么在设备故障时，保护反应可能会存在较大延迟，无法及时切断故障电路。如果保护时间设定过短，则有可能会同时响应普通电流变化，甚至造成误动和误切。

3）三段式电流保护的灵敏度如果设置过高，可能会导致保护装置对正常电流的判断误报故障而误动；如果敏感度设置过低，则有可能造成保护器的失灵，甚至无法快速响应故障。如果设备安装、调试和维护的技术水平不佳，也可能会导致三段式电流保护控制失效。例如，在设备安装过程中，接线可能产生接触不良，隔离不到位，从而导致保护器的失效。

（2）级差配合不合理。级差配合是指安装在电力系统的保护继电器中的几个保护元件之间的电气特性，包括时间响应、特性和灵敏度等方面的配合关系，以达到最佳的保护调整效果。当级差配合不合理时，不同级别的保护装置可能存在功能上的冲突，相互之间的操作可能产生干扰或相互抵消，导致系统不能有效地进行保护和控制。可能导致某些保护装置的作用范围不明确或重叠，会导致过量保护或欠保护的情况发生。过量保护可能导致系统过度切除或停电，造成不必要的损失；而欠保护则可能导致对系统的保护不足，无法及时响应故障并采取必要的措施。此外，级差配合不合理可能导致误动作的发生。误动作是指保护装置错误地对正常操作或工作状态做出响应，导致系统的错误操作，这可能会导致系统运行不稳定性、容易发生故障。两级级差保护配置的典型线路如图 4-15 所示。

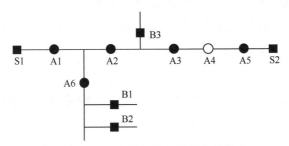

图 4-15 两级级差保护配置的典型线路

具体来说，级差配合不合理可能会产生以下影响。

1）保护动作延迟：级差配合不合理可能会导致保护动作延迟，从而延迟故障的切除和处理，这会使故障的范围扩大，导致更大的损失。

2）保护误动作：级差配合不合理可能会导致保护误动作，使得电力系统无故跳闸，影响电力系统的稳定运行和正常用电。

3）故障定位困难：级差配合不合理可能会影响到故障的准确定位，使得定位过程变得更加困难和耗时。

因此，为了确保配网短路故障保护控制的可靠性和稳定性，必须进行合理的级差配合。正确进行级差配合可以提高电力系统的故障检测和保护能力，提高电网的精度和反应速度，进而提高电力系统的稳定性和可靠性，减少事故损失。

电力系统的环境条件变化会对保护控制造成不同程度的影响。比如，线路接地电阻的变化、引入新的拓扑结构、变电站重构等都会对电力系统的保护控制产生影响。为了防止级差配合不恰当导致三段式电流保护控制失效，需要进行合理的装置选择、设定和调试，根据电力系统的具体情况进行级差配合之间的参数设置，合理确定整定值和设备位置，同时对电气设备和保护控制设备进行定期检测和维护。

4.4.4 配电网接地故障保护算法失效机理分析

1. 配电网接地故障的保护算法

接地故障保护算法是电力系统中的一种保护算法，用于检测和定位接地故障，以保障电力系统的安全运行。接地保护算法有首半波法、零序电流保护法、暂态零模电流极性法、暂态无功功率方向法及暂态能量法等。实际应用中可能会根据具体情况进行组合使用，以提高接地故障的检测和定位准确性。在设计和应用过程中，还需要考虑防止误动作和提高灵敏度等问题，并根据实际情况进行调试和优化。

（1）首半波法。首半波法接地故障保护是一种常用的电力系统保护方案，如图 4-16 所示。该保护方法能够快速准确地检测出短路故障，并及时切断故障电路，保护电力系统的安全运行，主要用于保护电力系统中的高压电缆和电力变压器等设备短路故障。

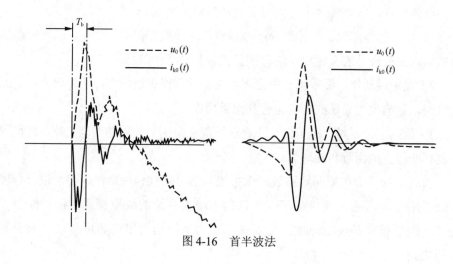

图 4-16 首半波法

首半波法接地故障保护适用范围广，可以应用于各种类型的配电系统，包括低压、中压和高压配电网。该方法灵敏度高，能够检测到接地故障的发生，并快速触发保护动作进行故障隔离；对于其他非故障情况下的电流或电压波动具有一定的抗干扰能力；相对于一些其他复杂的接地故障保护方案，首半波法接地故障保护的实施成本较低。

需要注意的是，首半波法接地故障保护通常只能检测到单相接地故障，对于两相接地故障或三相故障的检测有一定的限制。因此，在实际应用中需要根据配电网的具体情况选择合适的接地故障保护方法，并与其他保护装置相互配合，以提高接地故障的检测和保护能力。

（2）零序电流保护法。实际配电网中，一般来说单条配电线路的长度远小于同一变电站母线上其他出线的长度之和。在中性点不接地配电网中，故障线路的工频零序电流等于所有非故障元件（不包括故障线路本身）的对地电容电流之总和，其幅值远大于非故障线路，方向由线路流向母线，与非故障线路相反。利用零序电流的上述特征可以实现故障选线。

零序电流选线方法主要有零序过电流法、群体幅值比较法、群体相位比较法、群体比幅比相法等。对于谐振接地配电网来说，消弧线圈的补偿电流使得故障线路的零序电流降低至只有几个安培的水平，其幅值可能小于非故障线路，而且方向也可能相同，因此不适合采用工频零序电流法选线。

1）零序过电流法。通过检测比较零序电流的幅值进行故障选线。当某出线 k 的零序电流有效值超过整定值 $I_{set.0}$ 时，判断该线路为故障线路。

$$I_{j0} > I_{set.0} \tag{4-4}$$

零序电流定值的整定原则是躲过本线路的电容电流 I_{Cj0}。该选线方法易于实现，可以集成在出线保护装置中。

2）群体幅值比较法。比较各出线零序电流的幅值，选择幅值最大的线路为故障线路，可以克服零序过电流保护灵敏度低的缺点。该方法利用了出线零序电流幅值的相对关系，不需要设置整定值或门槛值，因此克服了零序过电流法灵敏度低的缺点。

3）群体相位比较法。比较所有出线的零序电流的相位，将相位与其他线路相反的线路选为故障线路，如果所有出线的零序电流相位相同则判为母线或母线背后的系统接地，该方法解决了母线接地时误选的问题。

4）群体比幅比相法。为了克服幅值比较、相位比较方法各自的缺点，提出了综合利用各出线零序电流幅值和相位的群体比幅比相选线方法。故障时，先比较所有出线的零序电流幅值，选择幅值最大的若干条（至少 3 条）线路参与相位比较。在电流幅值最大的线路中，选择与其他线路相位相反的线路为故障线路，如果所有线路电流相位均相同则判为母线接地。该方法有效提高了选线可靠性和适应性，在现场获得了广泛应用。

（3）暂态零模电流极性法。对于非故障线路 j，暂态零模电压 $u_0(t)$ 与电流 $i_{j0}(t)$ 满足关系

$$i_{j0}(t) = C_{j0} \frac{\mathrm{d}u_0(t)}{\mathrm{d}t} \tag{4-5}$$

式中　C_{j0}——非故障线路电容。

忽略消弧线圈的影响，故障线路 k 的暂态零模电压 $u_0(t)$ 与电流 $i_{k0}(t)$ 满足关系

$$i_{j0}(t) = C_{j0} \frac{\mathrm{d}u_0(t)}{\mathrm{d}t} \tag{4-6}$$

式中　C_{j0}——所有非故障线路电容与母线及其背后系统分布电容之和。

可见，以暂态零模电压的导数为参考，检测暂态零模电流的极性就能判断出暂态零模电流的方向，实现故障选线。故障线路上暂态零模电流与零模电压的导数始终反极性，非故障线路暂态零模电流与零模电压的导数始终同极性。暂态零模电压导数与故障线路暂态零模电流的极性关系如图 4-17 所示。

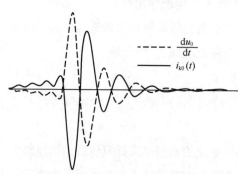

图 4-17　暂态零模电压导数与故障线路暂态零模电流的极性关系

可以看到，两个波形始终反极性，避免了电流与电压极性关系在第一个半波后就变为相同的情况，因此，比较暂态零模电流与零模电压的导数可以克服首半波法选线原理只在首半波内有效的缺陷。

定义某出线 m 暂态零模电流 $i_{m0}(t)$ 和零模电压 $u_0(t)$ 方向系数为

$$D_m = \frac{1}{T} \int_0^T i_{m0}(t) \mathrm{d}u_0(t) \tag{4-7}$$

式中　T——暂态过程持续时间。

如果 $D_m>0$，则 $\dfrac{\mathrm{d}u_0(t)}{\mathrm{d}t}$ 与 $i_{m0}(t)$ 同极性，判断为非故障线路；如果 $D_m<0$，则 $\dfrac{\mathrm{d}u_0(t)}{\mathrm{d}t}$ 与 $i_{m0}(t)$ 反极性，判断为故障线路。

暂态零模电流极性法解决了首半波法仅能利用首半波信号的问题，具有更高的灵敏度与可靠性。它仅利用母线零模电压与本线路的零模电流信号，不需要其他线路的零模电流信号，具备自具性，可以将其集成到配电线路短路保护装置中，也可以用于配电网自动化系统终端中实现小电流接地故障的方向指示和故障区段定位。

（4）暂态无功功率方向法。定义出线 m 的暂态无功功率为暂态零模电压 $u_0(t)$ 的 Hilbert（希尔伯特）变换 $\hat{u}_0(t)$ 与其暂态零模电流 $i_{m0}(t)$ 的平均功率为

$$Q_m = \frac{1}{T}\int_0^T i_{m0}(t)\hat{u}_0(t)\mathrm{d}t = \frac{1}{\pi T}\int_0^T i_{m0}(t)\int_{-\infty}^t \frac{u_0(\tau)}{t-\tau}\mathrm{d}\tau\mathrm{d}t \tag{4-8}$$

如果 $Q_m>0$，则暂态无功功率流向线路，判断为非故障线路；如果 $Q_m<0$，则暂态无功功率流向母线，判断为故障线路。

Hilbert 变换是一种数字滤波处理方法，它可以将信号中所有频率分量的相位移动一个固定的相角。

暂态无功功率方向法与暂态量极性比较法的选线效果相同。区别仅在于，通过 Hilbert 变换将暂态零模电压的所有频率分量均相移 90°后，再与暂态零模电流计算功率，使量值 Q_m 有了明确的物理含义。

（5）暂态能量法。暂态能量法是指采集每条线路的暂态零序电流和零序电压，求取相应各条线路的瞬时功率并对瞬时功率进行积分，进而得到能量函数，即

$$S_{0j}(t) = \int_0^t u_0(\tau)i_{0j}(\tau)\mathrm{d}\tau \qquad (j=1,2,3,\cdots) \tag{4-9}$$

非故障线路零序电流和零序电压取关联参考方向，则其能量始终大于零，而故障线路零序电流和零序电压取非关联参考方向，其能量始终小于零，且其绝对值等于其他线路能量之和，根据上述特征，可判别故障线路。因该方法对瞬时功率求积分，当暂态特征量受到外部干扰时，其误差较大，因此在实际中应用较少。

2. 配网接地故障的保护算法失效主要因素及其机理

配网接地故障的保护算法失效可能由多种因素引起，比如负载流量超出保护算法的设计范围，导致保护算法无法及时检测故障、系统中部分元器件损坏或老化、保护设备的实施和接线出现问题等。

设备级功能可能会对配网接地故障保护控制产生影响的因素包括：

1）设备接口适配：不同的设备在接口方面可能存在差异，比如信号通信协议、电气特性、接地标准等，如果不注意适配接口，可能会导致保护装置不能正常工作。

2）设备参数设置：在保护装置中，需要进行参数设置，设置正确的参数是保证保护控制的关键。如果参数设置不正确，就会影响到保护装置的检测和判断，导致配网接地故障保护控制失效。

3）负荷特性：不同的负荷会对系统产生不同的影响，比如电动机启动时的高起动电流、短路电流等，这些会影响保护装置的检测，需要对保护参数进行相应的调整，以确保保护装置能够及时有效地检测和处理故障。

4）设备状态监测：在保护装置中，需要实时监测设备状态，包括电压、电流、频率、电量等参数。如果设备状态监测不到位，就会导致保护装置对配网接地故障保护控制的失效，应该加强对设备状态监测的管理和维护，确保其稳定性。

因此，在设计和使用保护装置时，需要考虑这些因素，并采取相应的措施，确保保护装置能够正常工作，并及时地检测和处理配网接地故障。

（1）算法原理影响。

1）首半波法。实际配电网中，接地故障暂态信号的频率较高，且受系统结构和参数、故障点位置、过渡电阻等映射的影响，暂态频率在一定范围内变化，使得首半波极性关系成立的时间非常短（如 1ms 以内），而且不确定，给实现接地保护带来了困难。

2）零序电流法。零序过电流法检测灵敏度低，当接地电阻较大时，故障线路的零序电流较小，可能拒动。当线路较长时，其对地电容电流可能接近甚至大于所有非故障线路的对地电容电流，将出现无法对保护进行整定的情况。

群体幅值比较法利用了出线零序电流幅值的相对关系，不需要设置整定值或门槛值，因此克服了零序过电流法灵敏度低的缺点，不足之处是在母线及其主变压器二次侧接地时会将零序电流最大的线路选为故障线路，再就是需要安装专用的选线装置采集所有出线零序电流信号。

群体相位比较法解决了母线接地时误选的问题，但在非故障线路较短时，其零序电流比较小，可能因其相位计算误差比较大而导致误选。该方法也不适用于母线上只有两条出线的场合。

零电流保护法具有灵敏度高、信号清晰、适用范围广等优点，但需要配合其他保护装置使用、针对不同类型的接地故障需要设置不同的阈值等问题。因此，在电力系统中应该综合采用多种保护方式以确保系统的安全性和可靠性。

（2）级差配合不合理的影响。

当级差配合不合理时，不同级别的保护装置可能存在功能上的冲突，相互之间的操作可能产生干扰或相互抵消，导致系统不能有效地进行保护和控制。可能导致某些保护装置的作用范围不明确或重叠，会导致过量保护或欠保护的情况发生。过量保护可能导致系统过度切除或停电，造成不必要的损失；而欠保护则可能导致对系统的保护不足，无法及时响应故障并采取必要的措施。此外，级差配合不合理可能导致误动作的发生。误动作是指保护装置错误地对正常操作或工作状态做出响应，导致系统的错误操作。这可能会导致系统的不稳定性和故障。

为了避免级差配合不合理对保护控制之间的系统级功能产生影响，需要在系统设计和运行过程中进行适当的级差配合策略。这包括确保各级保护装置之间功能明确、相互协调，避免功能冲突；合理划分保护范围，避免过量保护或欠保护；并采取有效的测试和校验手段，减少误动作的风险。同时，对于已经存在的系统，应进行定期的维护和检查，及时调整和优化级差配合策略。

（3）参数整定不合理的影响。参数整定不合理可能对配网接地故障保护控制产生负面影响，可能出现以下问题：

1）误动作或漏动。如果接地故障保护装置的参数设置不合理，可能会导致误动作或的情况发生。误动作是指保护装置错误地对正常操作或工作状态做出响应，而漏动则是指保护装置不能正确地检测和响应接地故障。这会导致保护装置错误地切除正常供电线路或无法及时切除故障线路，从而影响故障的快速隔离和系统的可靠供电。

2）响应时间延迟。参数整定不合理可能导致接地故障保护装置的响应时间延迟。如果参数设置过于保守，装置可能需要更长的时间来检测和确认接地故障，延迟了故障隔离和保护动作的响应时间，增加了故障持续时间，可能对系统产生不良影响。

3）过量保护或欠保护。参数整定不合理可能导致接地故障保护控制的过量超保护或欠保护。超保护是指保护装置过于敏感，对于微小的接地故障也进行了切除操作，导致正常供电线路被误切除；而欠保护则是指保护装置的灵敏度设置不足，无法及时检测和切除严重的接地故障。这可能会对系统的可靠性和供电连续性造成影响。

为了避免参数整定不合理对配网接地故障保护控制产生影响，需要合理进行参数设置和整定。这包括了解系统的运行要求、负载特性和故障情况，根据实际需求设置适当的参数，如切除时间、灵敏度等。同时，需要进行充分的测试和验证，确保保护装置能够准确、及时地检测和切除接地故障，同时避免误动作和漏动的问题。定期检查和维护参数设置，确保其符合系统的实际运行状况，以保证接地故障保护控制的有效性和可靠性。

（4）保护设备选择和配置的影响。保护设备是实现保护控制的核心组成部分，包括继电器、断路器、保护装置等。选择适合系统需求的保护设备，并合理配置保护设备的数量和位置，可以确保保护控制系统的性能和可靠性。

（5）通信和数据传输的影响。现代保护控制系统通常包括远程通信和数据传输功能，用于实时监测、控制和汇报系统状态和故障信息。通信和数据传输的可靠性和带宽对保护控制的及时性和准确性至关重要。

（6）系统稳定性和负荷特性的影响。系统的稳定性和负荷特性对保护控制影响较大。负荷特性包括电流、功率因数、短路能力等，而系统的稳定性包括电压稳定性、频率稳定性等。保护控制系统需要根据系统稳定性和负荷特性来设计保护参数和逻辑。

（7）运行模式和工作环境的影响。不同的运行模式和工作环境对保护控制有不同的要求。例如，低压配电系统和高压输电系统在保护控制方面存在一些差异。此外，环境因素如温度、湿度、振动等也会对保护设备的工作性能产生影响。

综上所述，保护算法原理、电力电子装置接入、级差配合不合理、参数整定不合理、保护设备的选择和配置、通信和数据传输、系统稳定性和负荷特性以及运行模式和工作环境等因素都会对保护控制的性能和可靠性产生影响，需要综合考虑这些因素，并做出相应的决策和调整。

4.4.5　配电网断线故障保护算法失效机理分析

配网断线故障保护是电力系统中非常重要的一项保护措施，其主要目的是快速检测和隔离电力系统中的故障，以保证系统的正常运行和安全稳定。配网断线故障保护研判算法的工作逻辑是通过监测电压和电流、判断故障位置和类型、判断故障是否接地以及采取相应的措施等步骤，来检测和定位配电网中的故障，并采取相应的保护措施以保证电力系统的正常运行和安全。

1. 配网断线故障保护的常见方法

（1）雷击保护。电力系统在遭受雷击时很容易出现断电故障，而雷击保护就是专门针对这种情况而设计的。雷击保护在电力系统中安装专用的泄雷器，可以将雷击电流排放到大地上，从而避免故障产生。

（2）过电流保护。过电流保护是一种常用的配网断线故障保护方式。在电流超出正常工作范围时，配电系统中的保护装置可以主动切断电路，保护系统免受过载和短路等故障的影响。距离保护是一种常见的线路故障保护方式。通过测量电路两端的电压和电流差异，可以确定断电的位置和相位，从而实现快速故障检测和定位。

（3）差动保护。差动保护是一种针对母线故障的保护方式。通过比较电路两端的电流差异，可以检测出电路中的不平衡电流，从而实现快速故障检测、定位和切断电路的操作。还有一些保护方式，如短接接地保护、过电压保护、频率保护等等，在不同的情况下都可能会被采用，以保证电力系统的安全稳定性。

2. 断线不接地故障保护研判算法的工作逻辑

断线不接地的保护研判算法通过监测电压、判断故障位置和相位、分析故障模式、判断故障是否接地以及采取措施等步骤，来检测和定位电力系统中的断电故障，并采取相应的保护措施以保证电力系统的正常运行和安全。具体步骤如下。

（1）监测电压。在电力系统中无论是三相电压还是单相电压都不能超出常规范围。因此，对电力系统进行监测和测量电压是检测断电的第一步。

（2）判断故障出现的位置和相位。这一步通常采用距离保护或差动保护原理。通过测量电流和电压之间的差异，以及不同相电压之间的差异，可以初步确定故障的位置和相位。

（3）故障模式和接地情况的分析。不同的故障模式需要采用不同的保护措施，包括切断电路、更换设备或调整电压等操作。比如，如果故障是因为线路的开路导致的，需要采用断路器或隔离开关来切断电路。如果故障接地，需要采用接地故障保护措施来进行保护；如果故障未接地，则需要采用非接地故障保护措施，确保不会对人员和设备造成危险。

3. 断线单侧接地故障保护研判算法的工作逻辑

断线单侧接地是一种典型的电力故障，断线单侧接地的保护研判算法的工作逻辑是通过监测电压和电流、判断故障位置和类型、分析故障模式以及采取措施等步骤，来检测和定位电力系统中的单侧接地故障，并采取相应的保护措施以保证电力系统的正常运行和安全。具体步骤如下。

（1）初步确定故障位置。在电力系统中对电压和电流进行监测，确保系统内的电压和电流在常规范围内。当单侧接地故障发生时，电压和电流会发生异常变化，这是进行保护研判的前提。通过测量电流和电压，可以初步确定故障位置。在单侧接地故障中，故障点往往是在故障侧线路的末端或负载侧。因此，可以根据电压和电流的测量值以及线路参数计算出故障位置的距离。

（2）判断故障的类型。单侧接地故障有纯接地故障和断线单侧接地故障两种类型。可以通过电流测量值对故障类型进行初步判断，或者基于保护理论运用差动保护或零序电流保护对接地故障类型进行鉴别，从而进一步确认故障类型。在分析故障模式时可以根据故障类型采取相应的保护措施，对于纯接地故障，可以采用过电流保护来切断故障侧电路；而对于断线单侧接地故障，则需要采用非选择性断路器来实现快速切断故障点及故障侧电路。

（3）采取相应的措施。根据故障模式和类型，采取相应的措施来保护电力系统的安全运行。包括切断电路、更换设备或进行修复等操作。

4. 断线双侧接地故障保护研判算法的工作逻辑

断线双侧接地是一种恶劣的电力故障，断线双侧接地的保护研判算法的工作逻辑是通过监测电压和电流、判断故障位置和类型、确定保护方案以及采取相应的措施等步骤，来检测和定位电力系统中的双侧接地故障，并采取相应的保护措施以保证电力系统的正常运行和安全。具体步骤如下。

（1）初步确定故障位置。检测并测量电压和电流的变化，确保电力系统中的电压和电流在常规范围内。当出现双侧接地故障时，电流和电压会出现异常变化。通过测量电流和电压，需要确定故障的位置，预判故障的长度。在双侧接地故障中，故障点在电力系统中通常具有连续性和对称性。可以根据线路参数、电压和电流测量数据，采用距离保护或差动保护原理初步确定故障位置。

（2）确定故障类型。当故障位置初步确定后，需要确定故障类型。由于双侧接地故障分为短接故障和开路故障两种类型，初步的故障诊断可以采用基于保护理论的差动保护或者零序电流保护等方法对故障类型进行判断，同时采用零序电压构成计算来对故障位置进一步判别。一旦确定故障的位置和类型，需要确定相应的保护方案。如果出现短路故障，通常需要采用过电流保护器或差动保护器等手段进行切断，防止故障波及到不受影响的其他电力系统部分。对于断开开路故障，通常需要采用非选择性断路器切断故障点及两侧电路。

（3）采取相应的措施。根据故障类型，采取相应的措施来保护电力系统的安全运行。操作措施包括切断电路、更换设备或进行修复等操作。

5. 配网断线故障的保护算法失效主要因素及其机理

造成配网断线故障的保护算法失效的主要因素包括受损设备保护失效、误判配网突发故障、配网异常工况的影响、保护算法参数失效以及人为因素等。设计配网断线故障的保护算法时应该注重设备可靠性和保护算法的可靠性，以及设备的技术参数的合理设置和优化，同时加强对配网异常工况和人为操作误操作的监测和防范，保证配网保护算法始终处于有效状态，提高配网故障处理的可靠性和稳定性。

（1）受损设备保护失效。为了避免配网断线故障各类保护失效，需要对电力设备进行定期的维护和检查，保障各类保护装置的正常运行和灵敏性，并及时更新和调整保护设置。如果出现故障和问题应及时处理，并应注重增强对各类保护的培训和管理。

1）过电流保护失效。过电流保护是保护配电线路的一种最基本的保护方式，其失效可能是由于电流互感器或断路器的故障和错误的越流保护设置等原因导致的，当断线故障发生时，超过均流特性的电流无法使保护器动作，从而使得过电流保护失效。

2）零序电流保护失效。零序电流保护是用于断线故障的一种常用保护手段，其失效可能是由于互感器接触问题和保护系统故障等原因造成的，一旦发生接地故障，阻抗不稳定会使零序电流出现失真，使得零序电流保护失效。

3）差动保护失效。差动保护在电力设备中广泛应用，其失效可能是由于设备、导线或接线错误等内部原因或差动保护系统的故障等原因导致的。

4）绕组自保护失效。绕组自保护是发电机和变压器常用的保护方式之一，其失效可能是由于维护不当、保护装置故障或传感器故障等原因导致的，一旦发生断线故障，绕组自保护失效，从而无法及时切断电源，保护设备和人员安全。

（2）设备级功能可能会对配网断线保护控制产生影响的因素。

1）设备故障。如果设备发生故障或损坏，可能会导致断线保护控制失效，从而不能及时切断电力系统中可能出现的故障环路。

2）设备参数设置。设备的参数设置不当可能导致断线保护的误动作或迟动作，从而影响电力系统的稳定性。

3）通信延迟。如果断线保护控制所采用的通信技术存在延迟等问题，可能会导致延时切除或误切除动作，从而影响电力系统的稳定性和安全性。

4）外界干扰。外界干扰信号可能会导致断线保护控制误动作，从而导致误切电力系统中的合闸开关，可能会引发电力系统的故障事故。

5）人为操作失误。如果设备操作人员在设备操作过程中存在疏忽大意等问题，可能会导致断线保护控制误判或误操作，从而影响电力系统的稳定性和安全性。

（3）保护控制之间的系统级功能可能会对配网断线保护控制产生影响的因素。

1）级差配合不合理。电力系统中的保护控制通常采用多级联锁保护实现，因此保护控制之间的级差配合是否合理关系到电力系统的运行稳定性和安全性。如果级差配合不合理，可能导致保护控制的协调失控，使得保护控制的响应速度不够快，无法发现实际的故障并及时切除电力系统中的故障，可能等到故障发展到导致严重故障之后才能切除，从而影响电力系统的稳定性和安全性。

2）参数整定不合理。电力系统的保护控制有着多个参数需要设置，其中包括动作电流、延时时间、短路电阻等一系列参数。如果这些参数设置不合理，可能导致保护控制误动作或者误判故障信号，从而影响电力系统的正常运行。例如，如果动作电流设置过低，则可能导致保护控制频繁误动作，从而影响电力系统的正常运行；如果设置过高，则可能导致保护控制灵敏度不够，无法及时发现故障并切除，从而影响电力系统的稳定性和安全性。

3）通信网络问题。保护控制之间的通信网络与技术不匹配或者存在故障可能导致保护控制之间的通信延时，从而影响保护控制的协调和响应速度。通信延时可能会导致保护控制不及时响应，误判故障信号，或者延时切除电力系统中的故障，从而影响电力系统的稳定性和安全性。

4.4.6 故障定位失效机理分析

1. 故障定位的工作逻辑

故障定位技术分为故障分段和故障测距技术。故障分段技术采用配电网自动化系统终端或故障指示器采集故障信号并上传至配电网自动化系统主站（或者专用的故障定位系统），由配电网自动化系统主站定位故障点所在的故障区段。故障测距技术由安装在变电站或线路末端的测距装置测量故障点到母线或线路末端的距离，目前研究开发的主要是利用行波信号的小电流接地故障测距技术。

（1）故障分段。故障分段方法主要分为利用稳态量与利用暂态量的两类。

1）利用稳态量的故障分段方法。又分为利用故障产生的稳态量的被动式故障分段技术以及投入一次设备或利用一次设备动作产生较大的工频附加电流的主动式定位技术。对于稳态量故障分段技术来说，都是由配电网自动化主站通过检查、比较配电网自动化终端或故障指示器的故障检测和指示结果来定位故障点所在的区段，因此，不同故障分段技术的区别主要体现在故障指示方法的不同上。

2）利用暂态量的故障分段方法。主要分为利用暂态零模电流方向定位方法和利用暂态零模电流相似性定位方法。暂态故障分段方法的技术特点和暂态故障选线方法相似，不需要附加一次设备或与一次设备动作配合，也不需要注入信号，兼顾了定位准确性和安全性、适用性等。

a. 暂态零模电流方向定位方法。该方法的优点是：①对于不稳定性接地故障，每次暂态过程对应的电流方向是恒定的，因此不受弧光接地、间歇性接地的影响，也不需要终端有很高的对时精度，检测可靠性高；②终端只需向主站报告故障方向，对通信系统的压力也较小；③主站定位算法简单（与短路故障定位算法类似），方便不同厂家产品之间配合。缺点是：计算功率流向时需要零序电压或线电压信号，仅适用于开关站/配电所等安装有电压互感器的检测点。

b．暂态零模电流相似性定位方法。该方法的优点是：终端不需要电压信号，仅需要零模电流信号，能适应无法获得电压信号的场合。缺点是：①各终端均需向主站上传故障电流数据，通信系统的压力较大；②主站定位算法较复杂，不同厂家的设备之间配合有一定难度。

（2）故障测距。故障测距是一种用于定位配电网中短路或接地故障的技术，其工作逻辑基于对故障信号进行采集、分析，计算出故障距离并定位，以及及时切除故障区域，从而实现保护电力系统的运行安全。故障测距的主要工作逻辑如下。

1）捕捉故障波形。在故障发生时，测距保护装置通过故障传感器等设备捕捉到故障信号，并对信号进行采样和处理，生成相应的故障波形。

2）分析故障波形。测距保护装置将捕捉到的故障波形信号进行分析并提取出特征信息。故障波形的特征信息通常涉及电压、电流、相位等多个参数，通过这些信息进行复杂计算，测距保护装置可以计算出故障所在的距离。

3）定位故障位置。通过测量故障信号到达测距保护装置的时间差，以及计算出的故障距离，测距保护装置可以定位故障发生的位置。

4）切除故障区域。通过测距保护的定位结果，保护系统可以针对故障位置及时地切除故障区域，以便进一步保护电力系统的运行安全。

（3）行波测距。一般配电网由于线路短、分支多、存在架空电缆混合现象、沿线分布有各种负荷设备等因素，实现故障测距比较困难。特别是小电流接地系统故障电流微弱，故障点过渡电阻和测量误差影响非常大，传统利用阻抗原理的测距方法无法应用。而针对部分配电线路，如线路较长、分支较少的35kV配电线路，或者铁路自闭/贯通线路等，则可以采用行波原理测量小电流接地故障的故障距离。

行波测距是利用电磁波在电力系统中的传播和反射特性，通过发射、接收反射信号、测量反射时间、计算故障距离和定位等步骤，实现对电力系统故障位置和故障类型的有效识别和定位，进而提高配电网络的故障快速排除能力。根据行波测距基本原理，可以分为单端和双端两种测距方法。

1）单端行波测距法。利用无线电波在空间中传播的特性，通过测量电波的传播时间或者相位差来计算距离。具体来说，在单端行波测距系统中，发射端向待测点发送一个短脉冲信号，这个信号在空气中传播到接收端，被接收端接收后再反射回待测点，形成一个往返信号，然后由发射端测量这个往返信号的传播时间或者相位差，从而计算出待测点到发射端的距离。单端行波测距法可用于室内测距、雷达测距和通信测距等领域，并且具有简单、精度高、抗干扰性好等特点。但是，单端测距必须识别出故障点的反射波。配电线路存在架空电缆混合、分支线、负荷沿线分布等现象，使得故障行波反射和折射过程非常复杂，故障点反射波的识别十分困难，因此，不宜采用单端测距方法。

2）双端行波测距法。与单端行波测距法相比，双端行波测距法只需检测故障产生的初始行波波头到达时刻，不需要考虑后续的反射与折射行波，原理简单，测距结果可靠。具体来说，在双端行波测距系统中，发射端 A 向待测点发送一个短脉冲信号，这个信号会在空气中传播到待测点，并被待测点反射。反射回发射端 A 的信号会同时向发射端 B 传播，发射端 B 向待测点发送一个短脉冲信号，这个信号也会在空气中传播到待测点，并被待测点反射，反射回发射端 B 的信号也会向发射端 A 传播。接收端 A 和 B 分别接收到这两个信号，并测量它们的时间和相位差，从而计算出待测点到发射端 A 和 B 的距离。最终，通过三角测量原理，可以求得待测点的坐标。双端行波测距法相比单端行波测距法精度更高，同时也能够消除多径效应和一些干扰因素。但是，双端行波测距法需要使用更多的设备和复杂的算法，实现起来比较困难。

2. 故障定位失效主要因素及其机理

（1）定位装置硬件异动分析。故障检测装置的准确率不仅仅与装置本身的算法原理有关，还与设计质量有关、定位装置配套的其他一二次融合设备和故障指示器有关。

1）故障定位装置本身质量存在问题。如果定位装置的硬件平台不可靠，将导致 A/D 采样不准、CPU 执行程序错误等问题，最终发生误选、漏选情况。

a. 环境适应性差。多数小电流接地定位装置通常安装在变电站主控室内，但是部分定位装置会安装在开关柜等一次设备区，其冬夏室内温度的变化较大，可能达到−10～40℃。因此，厂家在生产时，要选择对应的高质量工业标准元器件，保证定位装置在恶劣环境下正常运行。否则，就会出现各类硬件故障。

b．电磁兼容性差。有些定位装置电磁兼容性差，当发生静电干扰、浪涌干扰时发生死机情况。

2）元器件性能不高。比如，若采用 8 位 A/D 芯片，就会严重影响 A/D 采样的正确性，自然无法正确定位。

3）故障定位装置的内部参数设置出现错误。定位装置的参数设置也非常关键，比如，对中性点接地方式的设置，如果实际电网为中性点经消弧线圈接地，但是在定位装置设置为中性点不接地方式，将会直接导致定位方法失效，造成定位失败。另外定位装置的定位结果是和接入的二次信号一一对应的，因此在定位装置安装时，必须按实际接入定位装置的信号对定位装置进行参数设置，否则会出现误选。现场也多次发生线路编号设置错误、启动电压设置错误的情况，这体现出了现场管理存在一定的漏洞。

（2）故障指示器硬件造成异动原因。故障指示器硬件产生异动的原因主要有两个：①AD 采样的互感器变比误差；②存在的二次接线连接不规范。

1）互感器特性原因。比如：①励磁电流的存在，一次和二次侧匝数并不相等，电流相位存在一定的角差；②零序电流互感器存在非线性特性，造成测量误差；③工程上所采用的零序电流互感器精度太低。

2）二次接线的原因。现场经常会发生如下接线错误的情况：①某些线路上的零序电流极性完全接反；②某些线路上的零序电压极性完全接反。

（3）不同算法造成故障定位装置异动分析。目前故障定位装置采用的定位原理主要为首半波法、暂态无功功率方向法和中电阻法，异动原因分析如下。

1）首半波法异动原因分析。

a．对弧光接地和接地相位敏感，抗干扰能力差，后续的暂态信号可能起相反的作用而导致误定位。

b．发生高阻接地故障时，故障特征不明显，导致装置录波启动时间晚于故障时刻，定位装置可能并未包含 1/2 暂态周期进行采样，进而导致故障定位装置异动，无法正确选出发生故障的线路。

2）暂态无功功率方向法异动原因分析。对于非正弦的暂态信号，目前尚无标准的无功功率定义，传统定义的不同频率信号无功功率可能会因为符号相反而相互抵消，进而造成装置异动。

3）中电阻法异动原因分析。

a．需要安装电阻投切设备。

b．当故障点产生的电弧不稳定时，尤其当发生间歇性接地故障时，故障信息极其不稳定，缺乏稳定信息会使中电阻法受到的影响极大，造成故障检测装置发生异动。

（4）其他故障定位装置异动原因分析。

1）变电站定位装置产生异动的主要因素。

a．静电放电干扰。静电放电会形成高电压、强电场、瞬时大电流，并伴随其强烈电磁辐射。静电放电可以直接进入电路击穿电路板，对定位装置产生不可逆的破坏。

b．电快速瞬变脉冲群干扰。电快速瞬变脉冲群是由电感性负载（如继电器、接触器等）在断开时，由于开关触点间隙的绝缘击穿或触点弹跳等原因，在断开处产生的暂态骚扰。当电感性负载多次重复开关，则脉冲群又会以相应的时间间隙多次重复出现。这种暂态骚扰能量较小，一般不会引起设备的损坏，但由于其频谱分布较宽，所以会对电子、电气设备的可靠工作产生影响。一般认为电快速瞬变脉冲群之所以会造成设备的误动作，是因为脉冲群对线路中半导体结电容充电，当结电容上的能量累积到一定程度，便会引起线路乃至设备的误动作。

c．浪涌干扰。浪涌是一种瞬变干扰，在某种特定条件下，在电网上造成瞬间电压超出额定正常电压的范围，通常这个瞬变不会持续太长的时间，但有可能幅度相当高。有可能是在仅仅的百万分之一秒内的瞬间突高，比如打雷，或者断开电感负载，或者接通大型负载的一瞬间都会对电网产生很大的冲击。在大多数情况下，如果连接在电网上的设备或电路没有浪涌保护措施，很容易器件就会损坏，损坏的程度会跟器件的耐压等级有关系。

2）线路上故障指示器产生异动的主要因素。

a．在户外环境下，会受到雨雾、电磁和雷击等外界因素的影响。

b．人为因素导致线路上的故障检测装置遭到破坏，从而造成故障检测装置的异动。

4.4.7 馈线自动化失效机理分析

1. 馈线自动化的工作逻辑

馈线自动化（FA）指中压配电线路（馈线）发生故障后，实现故障的自动定位、隔离与供电恢复的自动化措施。FA 的主要功能有监测主站设备、分布在线路上的智能设备、信息传输的通信系统及支撑其运行的硬件软件、可视化界面，配电网运行监测和故障处理，特别是故障情况下，通过分析线路智能设备的故障电流值判断故障区间，遥控相关分段设备，对故障区间进行隔离，恢复非故障区域供电或进行负荷转供。

FA 系统的应用减小了故障停电范围，极大提高了配电网的供电可靠性，是智能配电网建设的重要组成部分。

2. 各类型馈线自动化失效主要原因分析

（1）集中型 FA（全自动方式）。

1）中央控制系统故障。集中型馈线自动化的关键部分是中央控制系统，如果该系统出现硬件故障或软件错误，就可能导致整个自动化系统失效。比如，中央控制系统的服务器崩溃、数据库损坏或程序错误等都可能导致系统无法正常操作和监测馈线。

2）通信故障。集中型馈线自动化系统的各个设备需要通过通信网络与中央控制系统进行数据交换和指令传递。如果通信链路出现故障，如网络中断、传感器信号传输错误或设备之间的通信协议不匹配等，将导致自动化系统无法正常工作。

（2）集中型 FA（半自动方式）。

1）操作人员错误。在半自动方式下，操作人员对系统的人工干预和决策起着重要的作用。如果操作人员犯错、操作不当或者缺乏必要的培训和经验，可能会导致系统的半自动功能失效。比如，误操作导致错误的指令发送、错误的设备参数配置、忽略关键信息等都可能引发故障。

2）数据获取问题。半自动方式下，操作人员需要根据实时数据进行判断和决策。如果数据采集不准确、传感器故障或数据传输中发生丢失，将影响操作人员的决策判断，并可能导致半自动功能失效。

3）人机界面问题。半自动方式下，操作人员通过人机界面与系统进行交互。

如果界面设计不合理、操作复杂或者界面信息不清晰，将增加操作人员犯错的可能性，进而导致半自动方式失效。

（3）就地型 FA（电压时间型）。

1）电压异常。电力系统中的电压异常情况包括瞬态过电压、长时间低电压、频繁的电压波动等。当电压异常超出系统所能接受的范围，就地型 FA 系统可能无法正确判断和处理这些异常情况，从而导致失效。

2）配置错误。就地型 FA 系统需要根据电压的变化来做出相应的控制和保护动作。如果系统的配置参数错误、设置不当或者与实际电压情况不匹配，将导致系统无法正确响应电压异常，从而造成失效。

3）传感器故障。就地型 FA 系统依赖于传感器采集电压数据，以便进行监测和决策。如果传感器故障、损坏或者数据采集错误，将导致系统无法获取准确的电压信息，从而无法正确判断和处理电压异常情况。

（4）就地型 FA（电压电流型）。

1）电压电流超出范围。电力系统中的电压和电流可能超出系统所能接受的范围，比如，瞬态过电压、长时间高电压、频繁的电流波动等。当电压和电流超出系统的额定值范围时，就地型 FA 系统可能无法正确判断和处理这些异常情况，从而导致失效。

2）配置错误。就地型 FA 系统需要根据电压和电流的变化来做出相应的控制和保护动作。如果系统的配置参数错误、设置不当或者与实际电压电流情况不匹配，将导致系统无法正确响应异常情况，从而造成失效。

3）传感器故障。就地型 FA 系统依赖于传感器采集电压和电流数据，以便进行监测和决策。如果传感器故障、损坏或者数据采集错误，将导致系统无法获取准确的电压电流信息，从而无法正确判断和处理异常情况。

（5）就地型 FA（自适应综合型）。

1）系统模型不准确。自适应综合型 FA 失效可能是由于系统模型的不准确性引起的。系统模型通常用于预测和控制系统的响应，如果模型与实际情况不匹配，系统在复杂、多变的工况下可能无法正确判断和处理。

2）参数估计误差。自适应综合型 FA 失效可能是由于参数估计误差引起的。系统需要根据实时测量数据对参数进行估计和调整，以便适应不同的工况。如果参数估计不准确或者更新不及时，系统可能无法有效地适应复杂的工况，导致失效。

3）网络通信问题。就地型 FA 系统中的各个组件和子系统之间通常需要进行网络通信，以实现实时数据传输和控制指令交互。如果网络通信出现问题，如延迟、丢包或者通信故障，将影响系统的实时性和准确性，导致自适应综合型 FA 失效。

（6）智能分布式 FA。

1）节点故障。智能分布式 FA 系统中的节点包括开关设备、保护装置、传感器等。如果其中某个节点发生硬件故障，则该节点无法正常工作，从而导致与该节点相关的功能失效。比如，开关设备无法正确切换，保护装置无法准确检测故障，传感器无法提供正确的数据等。

2）通信故障。智能分布式 FA 系统中的节点之间需要通过通信网络进行数据交换和指令传递。如果通信链路中断、网络故障、通信协议不匹配等，将导致节点之间无法正常通信，从而影响系统的工作和协调性。

3）数据准确性问题。智能分布式 FA 系统依赖于传感器获得实时数据，并基于这些数据做出操作和决策。如果传感器提供的数据不准确或误差较大，将导致系统的判断和控制出现错误，进而影响系统的性能和可靠性。

3. 馈线自动化各组成部分故障原因分析

现场发生故障时 FA 系统经常不启动，造成线路重合不成功、自愈失败，因此对 FA 功能现场测试动作失败发生情况进行全面梳理，从统计分析角度总结归纳切实影响 FA 功能动作失败发生的主要因素。

（1）主站侧故障分析。

1）主站图模和基础数据错误。主站图模和基础数据错误统计如图 4-18 所示。

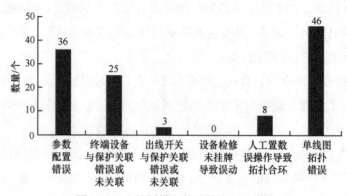

图 4-18　主站图模和基础数据错误统计

可以看到，PMS 单线图拓扑错误是主站图模和基础数据错误的主要成因，占比为 39%，其次是主站参数配置错误、终端设备保护关联错误和人工置数误操作导致线路拓扑合环。上述因素将导致主站 FA 功能无法启动、误启动，或故障定位失败、定位错误。

2）主站 FA 处理逻辑和性能故障。主站 FA 处理逻辑和性能故障错误统计如图 4-19 所示。

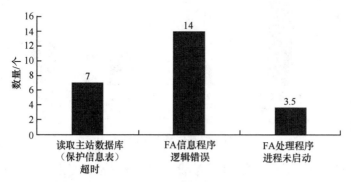

图 4-19　主站 FA 处理逻辑和性能故障错误统计

对于采用集中式馈线自动化的系统，主要由配电终端设备的检测电流仪判别故障，并将故障信息传送到主站，由主站比较相邻开关故障状态确定故障区段，并发遥控命令控制开关动作，完成故障隔离并恢复非故障区供电。主站 FA处理逻辑和性能故障可能会造成故障范围扩大或者错误转供等情况，严重威胁配电网的安全稳定运行。

（2）现场侧故障分析。

1）现场一次设备故障。现场一次故障设备错误统计如图 4-20 所示。

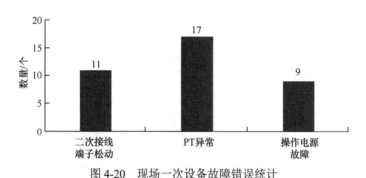

图 4-20　现场一次设备故障错误统计

由于配电终端数量多且现场环境复杂，现场测试中常发现 FTU 航插锈蚀、DTU 控制回路接线端子松动等。经数据统计分析，现场主要存在二次接线端子松动、TV 状态异常和操作电源故障等故障风险。

2）终端信息上送错误。终端信息上送错误统计如图 4-21 所示。

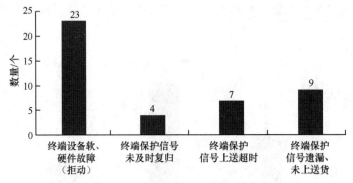

图 4-21　终端信息上送错误统计

终端信息上送错误主要是由终端设备软、硬件故障导致的，造成就地故障隔离失败。同时，若终端设备发生保护信号未及时复归、上送超时或遗漏，也会导致故障定位失败或故障范围扩大。技术人员在测试过程中发现，一些环网柜内的二次接线并未按照图纸和规范进行布线，出现间隔错乱的情况，测试人员需要重新对接线进行检测和验证，加大了工作量和工作难度，甚至会出现接线错误导致测试信号不对应，造成终端信息上送错误。

3）通信系统故障。目前，配电自动化系统主要采用有线光纤通信和无线网络通信。相比采用无线通信 SIM 卡进行无线通信，光纤通信具有抗干扰能力强、传输质量佳的特点。通信系统故障统计如图 4-22 所示。

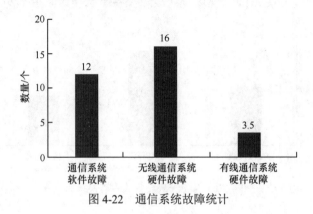

图 4-22　通信系统故障统计

　　通信系统故障主要由无线通信系统硬件故障导致，其次是通信系统软件故障和有线通信系统硬件故障。测试中发现，无线专网的通信能力与测试环境有较大关系，在公路沿线等开阔的户外测试环境下，无线专网基本不会发生通信异常的情况，而在小区配电所等户内测试环境下，无线专网的信号受到限制，会发生相对较多的无线专网通信异常造成测试动作失败的情况。

第5章　配电自动化设备检测

5.1　配电自动化设备真型检测

5.1.1　配电自动化设备功能真型检测原理

配电网真型试验系统主要由电源、网架、中性点灵活切换装置、配电一次设备、配电终端、主站系统、配网故障模拟装置、环境模拟装置等组成。在真型试验环境中，为了充分真实地反映配电网的故障特征，真型试验系统中所有电气量、装置设备、仪器仪表等1∶1模拟，与故障快速处理密切相关的电压互感器、电流互感器、消弧线圈等都是采用与现场相同的设备，试验检测中的短路故障、单相接地（金属接地、过渡电阻接地、电弧接地）、断线故障等都真实模拟，不做简化或等效处理，这是真型试验环境优于信号发生器和动模系统的根本原因。

配电网真型试验系统的网架采用真实线路（电缆、架空线、混合线路）、线路模拟装置和配电设备进行组建，由于是实际物理模型，其暂态特性要比仿真模型更加准确，但线路的搭建不可能完全真实模拟，通过实际线路的暂态模拟和集中参数物理模拟相结合来实现。

1. 配电线路表现出的特性

配电线路表现出的特性有阻性、感性、容性 3 种，体现的特征量分别为电阻、电感、电容；通过此特征量，可采用多个集中参数模拟装置对配电线路进行等效模拟，集中参数模拟装置中各参数的理论计算方法如下。

（1）阻性线路。线路特征量电阻 R 为线路的直流电阻值，可用线性电阻元件来模拟。

（2）感性线路。线性电感电压和电流的关系可以用电磁感应定律来描述，即

$$u_{L}(t) = u_{k}(t) - u_{m}(t) = L\frac{\mathrm{d}i_{km}}{\mathrm{d}t} \tag{5-1}$$

式中　i_{km} ——由节点 k 流向节点 m 经过电感的电流；

$u_k(t)$、 $u_m(t)$——分别表示两端点对地（电位参考节点）的电压。

根据梯形积分公式，式（5-1）可以写成

$$i_{km}(t) = \frac{1}{R_L}\left[u_k(t) - u_m(t)\right] + I_L(t - \Delta t) \tag{5-2}$$

其中

$$I_L(t - \Delta t) = i_{km}(t - \Delta t) + \frac{1}{R_L}\left[u_k(t - \Delta t) - u_m(t - \Delta t)\right] \tag{5-3}$$

电感的等值计算电路如图 5-1 所示。

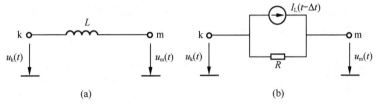

图 5-1 电感的等值计算电路

（3）容性线路。电容元件 C 上的电压和电流关系可以表示为

$$i_{km}(t) = C\frac{\mathrm{d}\left[u_k(t) - u_m(t)\right]}{\mathrm{d}t} \tag{5-4}$$

运用梯形积分公式，从式（5-4）可得

$$i_{km}(t) = \frac{1}{R_C}\left[u_k(t) - u_m(t)\right] + I_C(t - \Delta t) \tag{5-5}$$

其中

$$R_C = \frac{\Delta t}{2C} \tag{5-6}$$

$$I_C(t - \Delta t) = -i_{km}(t - \Delta t) - \frac{1}{R_C}\left[u_k(t - \Delta t) - u_m(t - \Delta t)\right] \tag{5-7}$$

电容的等值计算电路如图 5-2 所示。

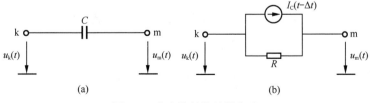

图 5-2 电容的等值计算电路

2. 线路阻抗的模拟方法

为模拟线路阻抗，工程实际中采用的方法主要分两种。一种是采用可调电阻、电感、电容等元件，分段构建Ⅱ型等效电路，用来模拟不同长度、不同种类的线路阻抗；另一种是利用电子模拟技术对其进行建模，等效电路中的电阻 R 用实际电阻来模拟，受控电流源采用基于微处理控制器的数字控制方案，称之为"控电流源"模拟，整个线路系统被看作一个"匣子"，从端口所表现出来的特性来看，系统与实际线路阻抗参数是一致的。

配电线路模型本身为分布参数，考虑到线路的损耗，分布参数模型可用 3 个集中的电阻来表示线路损耗，别置于线路首端、中间和末端。时域内分布参数模拟等效电路如图 5-3 所示。

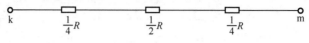

图 5-3　时域内分布参数模拟等效电路

分布参数中的每一段线路分别用集中参数模拟装置来进行模拟，实现对配电线路的更精确模拟，配电线路模型可采用Ⅱ等效集中参数模型。Ⅱ等效集中参数模型的基本结构如图 5-4 所示，以电阻、电抗、电纳、电导表示输电线路的等值电路，通常仅考虑输电线路两端的电压电流。

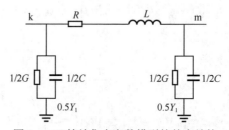

图 5-4　Ⅱ等效集中参数模型的基本结构

式（5-8）和式（5-9）表述了输电线路 k、m 两端之间的关系，同时根据双端口理论也能够推导出Ⅱ结构线路模型中的参数表达式，即

$$\begin{bmatrix} \dot{U}_k \\ \dot{I}_k \end{bmatrix} = \begin{bmatrix} \cosh(\gamma l) & Z_C \sinh(\gamma l) \\ \dfrac{1}{Z_C}\sinh(\gamma l) & \cosh(\gamma l) \end{bmatrix} \tag{5-8}$$

$$\begin{cases} Z_1 = R_1 + j\omega L_1 = Z_0 l \dfrac{\sinh(\gamma l)}{\gamma l} \\ Y_1 = G_1 + j\omega C_1 = Y_0 l \dfrac{ranh(\gamma l / 2)}{\gamma l / 2} \end{cases} \tag{5-9}$$

5.1.2　配电自动化系统现场应用场景真型模拟技术

配电自动化系统现场应用典型设备主要包括一二次融合设备、通信系统和配电自动化设备，其中一二次融合设备主要有一二次融合柱上断路器、一二次融合环网箱、终端设备，通信系统主要有光纤通信和无线通信，配电自动化设备包括微机保护装置和远动测控屏。

1. 一二融合设备现场应用场景真型模拟技术

随着公司新一代电网建设的发展，诸如一二次融合柱上断路器、环网箱等一二次融合设备大量投入运行，需有效处置实际配电网中的各类故障。近年来，单相断线故障逐渐受到关注。直击雷或感应雷作用于架空绝缘导线时，雷电过电压击穿绝缘层、绝缘子闪络后，由于绝缘层的助力使电弧的弧根不能移动，工频续流使导线因温度过高烧断，且断线后无明显过电流，现有保护不易识别故障；如后续故障发展断线坠地形成单相接地故障，容易引发森林草原火灾以及人身伤亡等事故，造成十分严重的后果。本节主要模拟单相接地故障和断线故障。

真型试验平台支持将待测试一二次融合成套柱上开关与一二次融合环网柜接入真型试验平台一次网架中，开展一二次融合成套柱上开关与一二次融合环网柜单相接地故障处置真型试验，验证待测设备的单相接地故障检测、处理功能。

真型试验平台可构造中性点不接地系统、中性点经小电阻接地系统、中性点经消弧线圈接地系统等不同接地方式、具备不小于 200A 电容电流模拟、不同配电网架结构、不同负载率等多种实验场景的模拟，可开展以下多种单相接地故障的模拟：①经不同故障过渡电阻接地故障；②经不同接地介质的非线性电阻接地故障（沥青路面、砂石地面、草木、泥土、混凝土地面等不同媒介）；③稳定弧光、间隙性弧光等弧光接地故障的模拟；④固定电阻—稳定弧光、可变电阻（不同媒介）—稳定弧光、固定电阻—间隙性弧光、可变电阻（不同媒介）—间隙性弧光等复杂接地故障的模拟；⑤瞬时性接地故障与永久性接地故障的模拟。

真型平台开展一二次融合成套柱上开关/环网箱单相接地故障处理功能验证测试，场景构建的设置内容及场景设置详细范围如表 5-1 所示。

表 5-1　　一二次融合成套柱上开关/环网箱接地故障检测功能测试场景设置

序号	设置项	设置范围
1	中性点接地方式	中性点不接地系统、中性点经小电阻接地系统、中性点经消弧线圈接地系统
2	消弧线圈接地系统补偿度	−10%～30%
3	系统容流	0～200A 范围内可调，调节步长为 10A
4	故障相	A、B、C 任意一相
5	故障持续时间	可任意设置，分辨率 1ms，便于瞬时性故障，永久性故障的模拟
6	故障初相角	0～360°可调，分辨率 1°
7	故障过渡电阻	0～4000Ω，分辨率 50Ω，便于金属性/低阻/中阻/高阻接地故障的模拟
8	弧光接地	稳定弧光、间歇性弧光，且燃弧、熄弧时间可设
9	经不同媒介接地	沥青路面、砂石地面、草木、泥土、混凝土地面、沙地、水面等
10	其他复杂接地场景	固定电阻—稳定弧光、可变电阻（不同媒介）—稳定弧光、固定电阻—间隙性弧光、可变电阻（不同媒介）—间隙性弧光

三供一备网架结构如图 5-5 所示。以此为例，一二次融合柱上开关和一二次融合环网柜测试样品可在该网架开关 HW-JKZX01-077 和 HW-JKZX02-078 前的任意位置接入进行一二次融合设备的单相接地故障处置真型测试。

简化的网络拓扑如图 5-6 所示，可在 6 个不同位置添加故障点，每个故障点接入系统单相接地故障模拟装置，测试时充分考虑表 5-1 中试验条件，可设置不同中性点接地方式、故障相、故障持续时间、故障过渡电阻等。

以待测柱上开关（此处命名为 DC01）开展测试为例，如图 5-7 所示，其主要过程如下。

（1）将网架按图 5-6 所示进行组网，待测开关 DC01 接入 JKZX1 与 JKZX01-053 之间，开关状态初始化。

（2）在开关 JKZX01-053 与 JKZX01-077 间的 f2 处接入单相接地故障装置。

（3）通过综合管理系统启动执行对应的测试案例，自动完成网络拓扑构建、配电网运行方式构建、故障模拟参数设置与启动。

（4）综合管理系统结合待测装置二次终端设备上送的接地故障判别信息、开关动作情况，生成相应的测试报告。

2. 配电自动化系统信息交互真型模拟技术

配电自动化系统信息交互在真型试验场中的模拟主要分为电力线载波通信、光纤通信及无线通信 3 种。

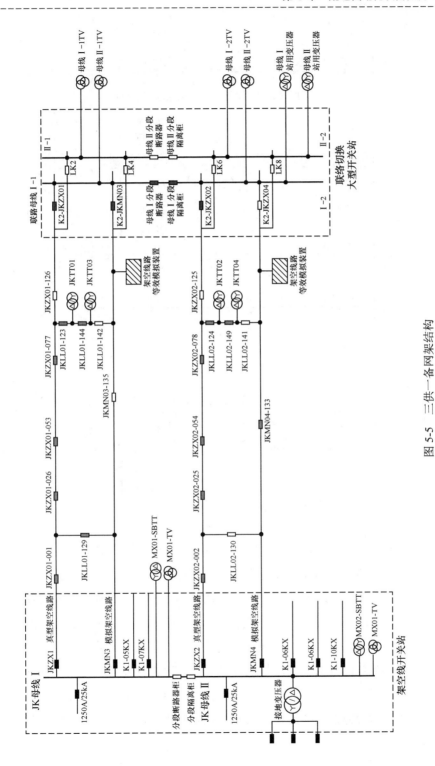

图 5-5　三供一备网架结构

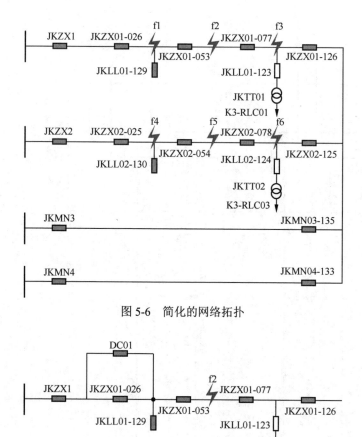

图 5-6　简化的网络拓扑

图 5-7　待测柱上开关（DC01）开展测试

（1）电力线载波通信。配电线载波通信真型模拟架构如图 5-8 所示。

在真型试验场电源侧安装多路配电线载波通信机并与配电子站相连，在 10kV 馈线的分段开关处安装 FTU，采用配电线载波机经耦合电容器耦合至馈线，并通过馈线与相应的配电子站相连，这样就可把分散的 FTU 上报的信息集中至配电子站处，配电子站再通过高速数据通道将收集到的信息转发给配电主站。为了避免线路开关分断时切断载波通道，可在分段开关处通过耦合电容器及结合滤波器构造载波桥路；为了防止在发生单相接地时影响载波通信，可采取两线对地耦合方式，即通过 4 台耦合电容器将载波信号分别耦合至分段开关两侧的两相线上。

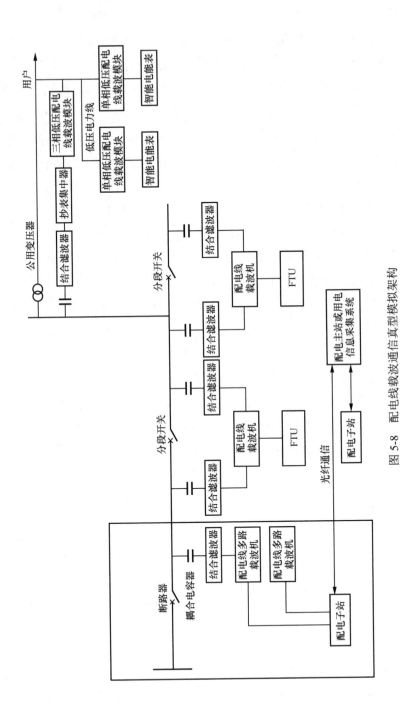

图 5-8 配电线载波通信型模拟架构

对于真型试验场的低压用户侧，可采用低压配电线载波通信方式，将各用户的用电信息传至公用变压器的抄表集中器，再通过配电线载波方式传至配电子站，配电子站以光纤以太网方式与用电信息采集系统互联。低压配电线载波通信是以 380V/220V 低压配电线作为信息传输媒介进行数据传输的一种特殊通信方式。低压配电线载波通信具有无须装设通信线路，不占用无线通信频道资源，可大大地减少投资和对线路的维护成本等优点。但由于低压配电线输入抗变化范围大，使发送机功率放大器的输出阻抗和接收机的输入阻抗难以与之保持匹配，给电路的设计带来很大的困难，同时，低配电线教波信道具有衰减较大、线路阻抗变化大、高噪声等传输特性，使其成为不理想的通信媒介。

为了提高通信的可靠性和有效性，一方面可以辅助性地采取一些措施，如增加发射信号功率、提高接收设备灵敏度以及采用合适的耦合电路及新的载波信号检测方法；另一方面是采用合适的调制技术或中继技术。从调制技术来看，目前流行的扩频通信技术主要有直接序列扩频、线性调制、正交频分复用、跳频、跳时以及上述各种方式的组合扩频技术。自动中继技术是指在通信距离太长或某一区域通信不可靠时，利用通信中继器作为中继转发节点将需要中继的数据包接收下来并解码后存储在中继器的内存中，等发送方将数据发送完并且总线空闲后再将该数据包重新编码发送到接收方以完成通信，它可以提高通信成功率，降低误码率。由于低压配电线载波通信网络的拓扑结构具有强烈的不确定性和时变性，所以在通信的过程中，要根据当前的网络状况进行路由自动更新。

（2）光纤通信。真型试验场应用以太无源光网络进行信息交互的真型模拟研究，光纤通信真型模拟架构如图 5-9 所示。在模拟配电自动化系统光纤信息交互时运用光纤复合相线，将光缆沿着配电线路架设，挂在电力导线下方。

（3）无线通信。无线通信在配电自动化系统中的信息交互模拟主要有以下两种真型模拟方式。

1）配电主站具备固定的 IP 地址。配电主站建立 DDN 专线或专用服务器或以其他方式具备固定 IP 地址，将 IP 地址设置到配电终端中，配电终端的 GPRS 模块设置为上电后自动连接 GPRS 网络，连接上网络后将获得一个动态 IP 地址，并自动将获得的 IP 地址以透明方式向预先设定的配电主站 IP 地址请求建立连接，当配电主站对建立连接回复响应后，配电主站与配电终端便建立了透明的数据网络传输通道，就可进行数据传输了。此外，配电终端还应具备自动检测功能，不断检测

GPRS 模块是否连接在网络上，一旦发生掉线，GPRS 模块能即时联网，重新获得一个动态 IP 地址并与配电主站再次建立连接，从而保证系统通信实时在线。

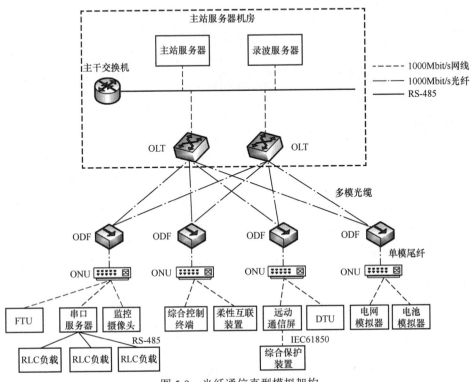

图 5-9　光纤通信真型模拟架构

2）配电主站有动态分配的 IP 地址。配电主站采用宽带 ADSL、无线 GPRS MODEM 或其他方式以不透明方式上网获得一个动态 IP 地址，配电终端处的 GPRS 模块设置为上电后自动连接 GPRS 网络，连接上网络后将获得一个动态 IP 地址，GPRS 模块先切换到 GSM 短消息状态，以短消息的方式将获得的动态 IP 地址发送给配电主站，然后再自动切换到数据传输状态，配电主站连接上 GPRS 网络后查询收到的短消息，获取各配电终端 GPRS 模块的 IP 地址，并将此 IP 地址存储，再向各个已知 IP 地址的配电终端发送请求连接确认命令和配电主站的动态 IP 地址，从而与配电终端建立透明的网络数据传输通道，就可进行数据传输了。一旦配电主站发生网络掉线，配电主站需再次上网，并将重新获得的配电主站动态 IP 地址发送给各个配电终端；同样，当某个 CPRS 模块掉线后，也应立即重新上网，并将重新获得的动态 IP 地址以短消息的方式发送给配电主站，来保证系统的通信连接实时在线。

无线通信真型模拟场景架构如图 5-10 所示。

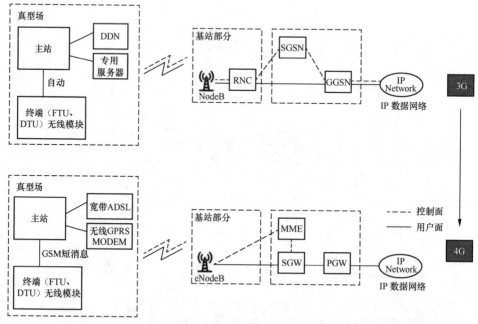

图 5-10　无线通信真型模拟场景架构

3. 配电自动化逻辑应用场景真型模拟技术

真型试验场可实现多种配电网典型故障的模拟，故障场景的设计灵活多变，故障点位置、故障相、故障类型、故障过渡电阻、故障持续时间等重要参数均可设置。通过真型试验场灵活多变的网架模拟系统，构建典型配电网真实网架，多模终端配置不同的馈线自动化逻辑，可开展电压时间型、电压电流型、自适应综合型、智能分布式等多种类型配电网馈线自动化（FA）系统功能的技术研究与功能测试验证。

（1）就地型 FA 逻辑。FA 系统功能验证测试基于系统短路故障模拟能力及多模终端 FA 功能完成，在真型试验场网架模拟系统中构建典型的三供一备网络，开展相关的测试。以真型架空线路 JKZX1、JKZX2，模拟架空线路 JKMN3、JKMN4 共 4 条线路为基础，断开 JKZX01-125、JKLL01-142、JKZX02-125、JKLL02-130、JKLL02-141、K2-JKMN04，合上联络切换开关 K2-JKZX01、K2-JKMN03、K2-JKZX02、K2-JKMN04，即可形成三供一备架空接线方式，其开关初始状态如图 5-11 所示，网络拓扑如图 5-12 所示。

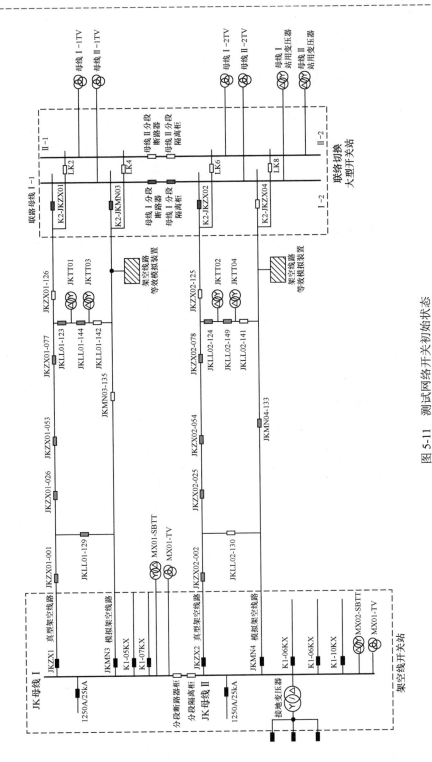

图 5-11　测试网络开关初始状态

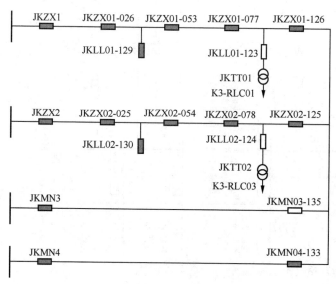

图 5-12　测试网络拓扑

就地型 FA 包括电压时间型、电压电流型、自适应综合型等模式，FTU 之间不依赖通信，每台 FTU 独立完成逻辑判断与动作，通过定值参数的配合实现整条线路开关完成隔离、恢复动作。

在试验配电网架中的不同位置设置故障点，如图 5-13 所示。将故障类型、

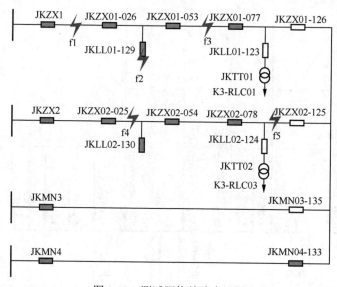

图 5-13　测试网络故障点设置

故障相、故障过渡电阻、故障合闸角等参数配置在试验案例中，通过综合管理系统实现一键式自动化开展试验。

（2）智能分布式 FA 逻辑。FA 系统功能验证测试基于系统短路故障模拟能力及多模终端 FA 功能完成，在真型试验场网架模拟系统中构建典型的三供一备网络，开展相关的测试。以真型架空线路 JKZX1、JKZX2，模拟架空线路 JKMN3、JKMN4 共 4 条线路为基础，断开 JKZX01-125、JKLL01-142、JKZX02-125、JKLL02-130、JKLL02-141、K2-JKMN04，合上联络切换开关 K2-JKZX01、K2-JKMN03、K2-JKZX02、K2-JKMN04，即可形成三供一备架空接线方式，其开关初始状态如图 5-14 所示，网络拓扑如图 5-15 所示。

多模终端通过光纤环网与测试监控管理系统通信，实现各类配电自动化模式的切换、管理与试验。多模配电终端是功能高度集成的二次设备，可以对一次系统中所有开关设备进行监视、控制。根据开关位置、保护模式的不同，多模配电终端可承担不同的自动化功能，如三遥终端、过电流保护、就地型 FA、智能分布式 FA 等。配置多模终端，无需更改配网真型试验场的一次接线，调整多模配电终端的组态角色，快速切换多模终端保护模式与定值就可以快速构建不同的系统模式。

4. 配电自动化系统保护功能协调应用场景真型模拟技术

真型试验场可实现多种配电网典型故障的模拟，故障场景的设计灵活多变，故障点位置、故障相、故障类型、故障过渡电阻、故障持续时间等重要参数均可设置。通过真型试验场电缆测试网架，可构建典型的电缆环网网架，配置不同的保护定值，开展过电流保护、差动保护的配电自动化测试验证与技术研究。

配电自动化保护功能协调应用场景真型模拟能力可实现过电流保护、差动保护的配电自动化终端测试，基于真型试验场网架拓扑组态能力，可构建不同的测试网架拓扑；基于真型试验场测试设备接入能力，可在真型网络不同位置接入待测配电自动化终端设备；基于真型试验场的系统短路故障模拟能力，可构建过电流故障场景。通过真型试验场不同能力的有机组合，最终实现对配电自动化终端的过电流保护、差动保护功能测试验证与技术研究。

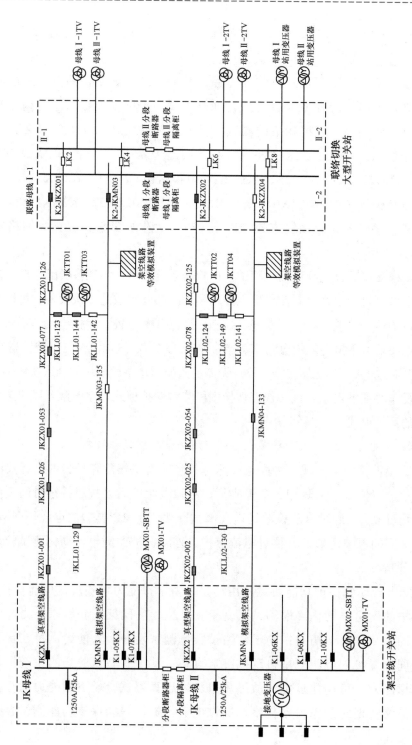

图 5-14 测试网络开关初始状态

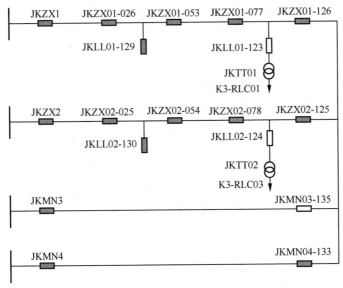

图 5-15　测试网络拓扑

真型电缆线路网架如图 5-16 所示，利用 DL1 真型电缆线路、DL2 真型电缆线路构建电缆环网，基于 1 号环网箱、2 号环网箱、1 号开闭站、3 号环网箱、4 号环网箱、2 号开闭站、3 号开闭站可构建电缆单环网络，其网络拓扑如图 5-17 所示。

（1）基于通信过电流保护的配电自动化。开展配电自动化终端设备的过电流保护测试，在试验配电网络中不同位置设置故障点，将故障类型、故障相、故障过渡电阻、故障合闸角等参数配置在试验案例中，通过综合管理系统实现一键式自动化开展试验。在电缆环网不同位置添加故障点 f1～f4，其中 f1、f4 为站间故障，f2 为母线故障，f3 为出线故障，如图 5-18 所示。

测试时充分考虑不同故障位置、不同故障类型、不同故障过渡电阻等试验条件，测试待测配电自动化终端设备的过电流动作可靠性。

（2）基于差动保护的配电自动化。开展配电自动化终端设备的差动保护测试，在试验配电网络中不同位置设置故障点，将故障类型、故障相、故障过渡电阻、故障合闸角等参数配置在试验案例中，通过综合管理系统实现一键式自动化开展试验。在电缆环网不同位置添加故障点 f1～f4，其中 f1、f4 为站间故障，f2 为母线故障，f3 为出线故障，如图 5-19 所示。

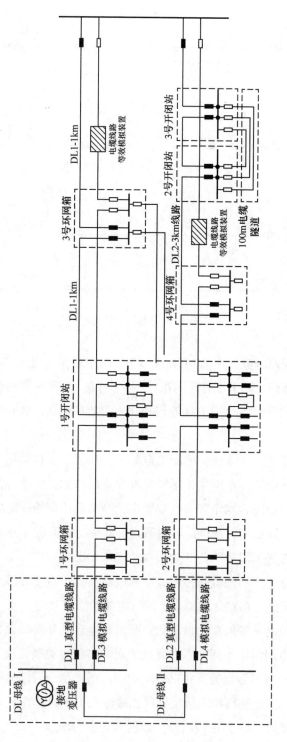

图 5-16　电缆真型线路拓扑

114

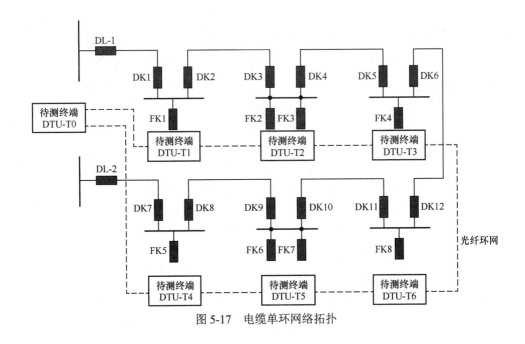

图 5-17　电缆单环网络拓扑

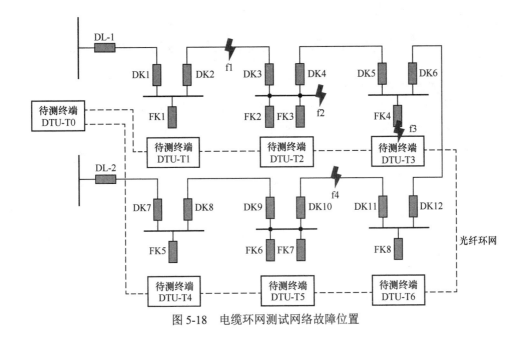

图 5-18　电缆环网测试网络故障位置

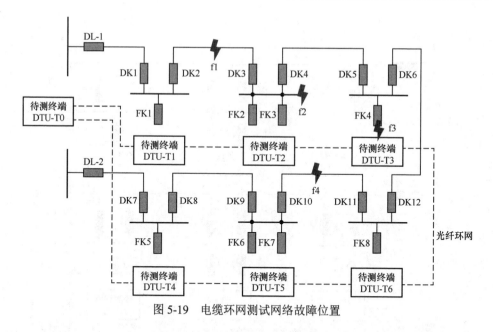

图 5-19　电缆环网测试网络故障位置

测试时充分考虑不同故障位置、不同故障类型、不同故障过渡电阻等试验条件，同时通过外部人为改变接线，构造开关拒动、通信故障等干扰测试项，测试待测配电自动化终端设备的过电流动作可靠性。

5.1.3　基于真型试验系统的配电自动化设备功型检测方法

1. 一二次融合设备真型检测方法

基于真型试验平台可以通过真实 10kV 电源、网架线路系统、模拟负荷、故障模拟装置以及试验管理平台等构建不同的电力系统运行场景，为一二次融合设备提供真实的运行工况，验证其实际挂网运行时的故障检测与处理能力。

（1）以一二次融合柱上断路器为例，进行中性点不接地系统单相接地故障真型试验的主要过程如下。

1）根据检测内容要求，选取一条 10kV 架空馈线，通过真型平台综合管理系统设置其接线方式为单辐射式接线，系统接地方式为中性点不接地方式，系统容流小于 10A。待测设备接入示意如图 5-20 所示。

2）通过待测设备测试接口接入待测一二次融合柱上断路器。

3）在未接入故障模拟装置的情况下，使真型系统一次网架正常运行，检测系统带电 3min 内，被测柱上开关是否产生误动。

图 5-20　待测设备接入示意

4）通过综合管理系统控制一次网架系统中的联络开关动作，检测被测柱上开关是否会产生误动。

5）选取故障装置接入点，如图 5-21 所示。依次选取 E1～E4 不同故障位置，分别执行单相接地故障处置功能检测。

图 5-21　故障装置接入点

6）设置故障模式为经过渡电阻接地故障，过渡电阻为 1kΩ，故障持续时间 5s，分别选取 A、B、C 三相进行 3 次单相接地故障测试。

7）设置故障模式为经过渡电阻接地故障，过渡电阻为 2kΩ，故障持续时间 5s，随机选取 A、B、C 三相进行共 4 次单相接地故障测试，确保每一相至少进行一次测试。

8）设置故障模式为经电缆弧光接地故障，故障持续时间 5s，分别选取 A、B、C 三相进行三次单相接地故障测试。

9）根据综合管理系统采集的被测一二次融合柱上断路器故障判别信息和开关动作情况，生成真型检测试验报告。

（2）进行一二次融合环网柜的单相接地处置真型检测试验时，选取一条 10kV 电缆馈线，根据《国家电网有限公司一二次融合标准化柱上断路器及环网箱入网专业检测大纲》中要求的真型检测条件进行参数设置，按照（1）中的步骤开展试验检测，形成真型试验检测报告。

（3）利用真型网架针对一二次融合设备进行短路故障处置、断线故障处置和馈线自动化功能检测的方法类似，根据要求设置中性点接地方式、故障位置、故障时间、故障类型和过渡电阻大小开始测试验证。

2. 配电终端真型检测方法

（1）真型试验检测方法。配电终端需要进行真型试验，以检测运行参数调阅与配置、后备电源、短路接地故障处理等功能，其检测功能要求见表5-2。

表5-2 配电终端真型试验检测功能要求

序号	检测项目			检测要求
1	运行参数的当地及远方调阅与配置功能			1. 正常运行环境，无故障； 2. 配置参数包括零漂、变化阈值（死区）、重过载报警限值、短路及接地故障动作参数等
2	后备电源无缝投入功能			1. 真型试验平台主电源断电； 2. 当主电源供电不足或消失时，能自动无缝投入
3	单相接地故障处理功能	中性点不接地；中性点经消弧线圈接地；中性点经小电阻接地	经1kΩ（1±2%）过渡电阻单相接地故障处置	1. 系统电容电流<10A； 2. 网架结构为单辐射，4回10kV馈线； 3. 线路故障点为随机选取故障点； 4. 被测装置投接地保护，并动作于分闸，延时设置为0s； 5. 经1kΩ（1±2%）过渡电阻单相接地故障持续时间不小于3s； 6. 单相接地故障时，区内故障开关分闸，区外故障开关无误动； 7. 随机合闸发生单相接地故障3次（A、B、C相各1次），要求故障处置成功率100%
			经2kΩ（1±2%）过渡电阻单相接地故障处置	1. 系统电容电流<10A； 2. 网架结构为单辐射，4回10kV馈线； 3. 线路故障点为随机选取故障点； 4. 被测装置投接地保护，并动作于分闸，延时设置为0s； 5. 经2kΩ（1±2%）过渡电阻单相接地故障持续时间不小于3s； 6. 单相接地故障时，区内故障开关分闸，区外故障开关无误动； 7. 随机合闸发生单相接地故障4次（A、B、C相至少各1次），要求故障处置成功率≥75%
4	短路故障处理功能		经1kΩ（1±2%）过渡电阻短路故障处置	1. 网架结构为单辐射，4回10kV馈线； 2. 线路故障点为随机选取故障点； 3. 被测装置投短路保护； 4. 经1kΩ（1±2%）过渡电阻短路故障持续时间不小于3s； 5. 短路故障时，区内故障开关分闸，区外故障开关无误动； 6. 随机合闸发生短路故障3次（A、B、C相各1次），要求故障处置成功率100%

续表

序号	检测项目		检测要求
4	短路故障处理功能	经 2kΩ（1±2%）过渡电阻短路故障处置	1. 网架结构为单辐射，4 回 10kV 馈线； 2. 线路故障点为随机选取故障点； 3. 被测装置投短路保护； 4. 经 2kΩ（1±2%）过渡电阻短路故障持续时间不小于 3s； 5. 短路故障时，区内故障开关分闸，区外故障开关无误动； 6. 随机合闸发生短路故障 3 次（A、B、C 相各 1 次），要求故障处置成功率 100%
5	双位置遥信处理功能		支持遥信变位优先传送
6	后备电源自动充放电管理功能		蓄电池作为后备电源时，应具备定时、手动、远方活化功能，低电压报警和保护功能，报警信号上传主站功能
7	终端固有参数的当地及远方调阅功能		调阅参数包括终端类型及出厂型号、终端 ID 号、嵌入式系统名称及版本号、硬件版本号、软件校验码、通信参数及二次变比等
8	历史数据远程调阅		以文件方式上传至配网主站； 历史数据包括事件顺序记录、遥控操作记录、日冻结电量、电能定点数据、功率定点数据、电压定点数据、电流定点数据、电压日极值数据、电流日极值数据等
9	远方控制功能		远方控制功能
10	就地/远方切换开关和控制出口硬压板		支持控制出口软压板功能
11	就地采集功能		采集开关模拟量和状态量以及控制开关分合闸功能，具备测量数据、状态数据的远传和远方控制功能，监控开关数量可扩展

（2）真型试验步骤。

1）以馈线终端 FTU 为例，进行终端就地采集功能及短路故障真型试验的主要过程如下。

a．根据检测内容要求，选取一条 10kV 架空馈线，通过真型平台综合管理系统设置其接线方式为单辐射式接线，如图 5-22 所示。

图 5-22　待测设备接入示意

b．通过待测设备测试接口接入待测终端。

c. 在未接入故障模拟装置的情况下，使真型系统一次网架正常运行，检测系统带电 3min 内，被测终端是否有电压电流等就地数据采集上送主站，配测终端是否产生误动。

d. 选取故障装置接入点，如图 5-23 所示。可依次选取 E1～E4 不同故障位置，分别执行短路故障处置功能检测。

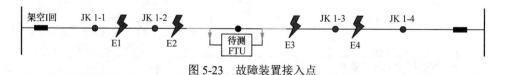

图 5-23 故障装置接入点

e. 设置故障模式为经过渡电阻短路故障，过渡电阻为 1kΩ，故障持续时间 5s，分别选取 A、B、C 三相进行 3 次短路故障测试。

f. 设置故障模式为经过渡电阻短路故障，过渡电阻为 2kΩ，故障持续时间 5s，随机选取 A、B、C 三相进行共三次短路故障测试，确保每一相至少进行一次测试。

g. 根据综合管理系统采集的被测终端故障判别信息和终端监测开关动作情况，生成真型检测试验报告。

2）进行 DTU 和 TTU 的故障处理及信息上报功能的真型检测试验时，选取一条 10kV 电缆馈线，按照 1) 中的步骤开展试验检测，形成真型试验检测报告。

3. 故障指示器真型检测方法

（1）真型试验检测方法。配电线路故障指示器需要进行真型试验检测故障处理、监测管理、重合闸识别等功能，具体检测功能要求见表 5-3。

表 5-3 故障指示器真型试验检测功能要求

序号	检测项目	检测要求
1	低电量报警功能	1. 架空型故障指示器采集单元应能以翻牌锁死的形式指示电池低电量； 2. 电缆型故障指示器采集单元、显示面板均应以变化色卡颜色的形式指示电池低电量
2	监测与管理功能	1. 汇集单元至少应能满足 3 条线路（每条线路 3 只）采集单元接入要求，可扩展至 6 路接入，并具备采集单元信息的转发上传功能； 2. 应具备历史数据存储能力，包括不低于 256 条事件顺序记录、30 条本地操作记录和 10 条装置异常记录等信息； 3. 应具有本地及远方维护功能，且支持远方程序下载和升级

续表

序号	检测项目		检测要求
3	接地故障检测和报警功能	中性点不接地；中性点经消弧线圈接地；中性点经小电阻接地	当线路发生接地故障时，故障指示器应能以外施信号检测法、暂态特征检测法、稳态特征检测法等方式检测接地故障； 架空型采集单元应能以翻牌、闪光形式就地指示故障； 电缆型采集单元应能以闪光形式就地指示故障； 汇集单元应能接收采集单元上送的故障信息，同时能将故障信息上传给配电主站；
		经 1kΩ(1±2%)过渡电阻单相接地故障处置	1. 系统电容电流＜10A； 2. 网架结构为单辐射，4 回 10kV 馈线； 3. 线路故障点为随机选取故障点； 4. 被测装置投接地保护，并动作于分闸，延时设置为 0s； 5. 经 1kΩ（1±2%）过渡电阻单相接地故障持续时间不小于 3s； 6. 单相接地故障时，区内故障开关分闸，区外故障开关无误动； 7. 随机合闸发生单相接地故障 3 次（A、B、C 相各 1 次），要求故障处置成功率 100%
		经 2kΩ(1±2%)过渡电阻单相接地故障处置	1. 系统电容电流＜10A； 2. 网架结构为单辐射，4 回 10kV 馈线； 3. 线路故障点为随机选取故障点； 4. 被测装置投接地保护，并动作于分闸，延时设置为 0s； 5. 经 2kΩ（1±2%）过渡电阻单相接地故障持续时间不小于 3s； 6. 单相接地故障时，区内故障开关分闸，区外故障开关无误动； 7. 随机合闸发生单相接地故障 4 次（A、B、C 相至少各 1 次），要求故障处置成功率≥75%
4	短路故障检测和报警功能	经 1kΩ（1±2%）过渡电阻短路故障处置	当线路发生短路故障时，故障指示器应能判断出故障类型（瞬时性故障或 永久性故障）； 架空型采集单元应能以翻牌、闪光形式就地指示故障； 电缆型采集单元应能以闪光形式就地指示故障； 汇集单元应能接收采集单元上送的故障信息，同时能将故障信息上传给配电主站； 1. 网架结构为单辐射，4 回 10kV 馈线； 2. 线路故障点为随机选取故障点； 3. 被测装置投短路保护； 4. 经 1kΩ（1±2%）过渡电阻短路故障持续时间不小于 3s；

序号	检测项目		检测要求
4	短路故障检测和报警功能	经 1kΩ（1±2%）过渡电阻短路故障处置	5．短路故障时，区内故障开关分闸，区外故障开关无误动； 6．随机合闸发生短路故障 3 次（A、B、C 相各 1 次），要求故障处置成功率100%
		经 2kΩ（1±2%）过渡电阻短路故障处置	1．网架结构为单辐射，4 回 10kV 馈线； 2．线路故障点为随机选取故障点； 3．被测装置投短路保护； 4．经 2kΩ（1±2%）过渡电阻短路故障持续时间不小于 3s； 5．短路故障时，区内故障开关分闸，区外故障开关无误动； 6．随机合闸发生短路故障 3 次（A、B、C 相各 1 次），要求故障处置成功率100%
5	故障后复位功能		1．架空型故障指示器应能在规定时间或线路恢复正常供电后自动复位，也可根据故障性质（瞬时性或永久性）自动选择复位方式； 2．电缆型故障指示器应能在手动、在规定时间或线路恢复正常供电后自动复位，也可根据故障性质（瞬时性或永久性）自动选择复位方式
6	防误动功能		1．负荷波动不应误报警； 2．变压器空载合闸涌流不应误报警； 3．线路突合负载涌流不应误报警； 4．人工投切大负荷不应误报警； 5．非故障相重合闸涌流不应误报警
7	带电装卸功能		架空型故障指示器应具有带电装卸功能，装卸过程中不应误报警
8	维护功能		可修改故障指示器参数
9	重合闸识别功能		1．应能识别重合闸间隔为 0.2s 的瞬时性故障，并正确动作； 2．非故障分支上安装的故障指示器经受 0.2s 重合闸间隔停电后，在感受到重合闸涌流后不应误动作
10	通信及规约一致性		主站能获取故障指示器状态和相关信息

（2）真型试验步骤。

1）以架空型故障指示器为例，进行短路故障真型试验的主要过程如下。

a．根据检测内容要求，选取一条 10kV 架空馈线，通过真型平台综合管理系统设置其接线方式为单辐射式接线，如图 5-24 所示。

b．通过待测设备测试接口接入待测故障指示器。

c．在未接入故障模拟装置的情况下，使真型系统一次网架正常运行，检测系统带电 3min 内，被测故障指示器是否产生误动。

图 5-24　待测设备接入示意

d．选取故障装置接入点，如图 5-25 所示。可依次选取 E1～E4 不同故障位置，分别执行短路故障处置功能检测。

图 5-25　故障装置接入点

e．设置故障模式为经过渡电阻短路故障，过渡电阻为 1kΩ，故障持续时间 5s，分别选取 A、B、C 三相进行 3 次短路故障测试。

f．设置故障模式为经过渡电阻短路故障，过渡电阻为 2kΩ，故障持续时间 5s，随机选取 A、B、C 三相进行共 3 次短路故障测试，确保每一相至少进行一次测试。

g．根据综合管理系统采集的故障指示器故障判别信息，故障后复位信息，重合时识别信息等生成真型检测试验报告。

2）进行电缆型故障指示器的故障处理真型检测试验时，选取一条 10kV 电缆馈线，按照 1）中的步骤开展试验检测，形成真型试验检测报告。

5.2　配电自动化设备到货检测

根据《国网运检部关于做好“十三五”配电自动化建设应用工作的通知》（国家电网公司运检三〔2017〕6 号）要求，严格落实配电终端、故障指示器到货全检要求，严把设备入网关，做到两个 100%（到货全检率、检测合格率），确保设备零缺陷投运。国网运检部将组织开展到货全检情况抽查，并将到货全检率纳入同业对标考核。《国网运检部关于进一步加强配电自动化终端、配电线路故障指示器质量管控工作的通知》（国家电网公司运检三〔2017〕131 号）要求，加强配电自动化终端设备质量管控，各单位运检部门要会同物资部门，强化设备入网检测、到货检测、运行分析评价三级质量管控措施，严把设备质量关。配电终端、线路故障指示器、智能配电变压器终端、一二次成套开关等设备的采购，所采购设备必须通过中国电科院组织的专项检测，各单位对配电终端、线路故障指示器、智能配电变压器终端采取到货全检。

5.2.1 配电终端检测大纲

配电终端检测大纲见表 5-4。

表 5-4 配电终端检测大纲

序号	检测大类	检测项目	检测小项
1	外观检查	外观	外观及接口
2	基本功能	读取蓄电池电压和温度	读取蓄电池电压和电池温度
3		遥信防误报	遥信防误报
4		故障复归—远程	故障复归—远程
5		故障复归—自动	故障复归—自动
6		有压鉴别	有压鉴别
7		无压鉴别	无压鉴别
8		电压越限—低电压	电压越限—低电压
9		电压越限—过电压	电压越限—过电压
10		负荷越限	负荷越限
11		重载	重载
12		过载	过载
13		遥控软压板—退出	遥控软压板—退出
14		遥控软压板—投入	遥控软压板—投入
15		历史数据存储	历史数据存储
16		掉电重启清空 SoE	掉电重启清空 SoE
17		双位置遥信	双位置遥信
18	故障处理功能试验	过电流Ⅰ段	过电流Ⅰ段
19		过电流Ⅱ段	过电流Ⅱ段
20		过电流Ⅲ段	过电流Ⅲ段
21		零序电流Ⅰ段	零序电流Ⅰ段
22		零序电流Ⅱ段	零序电流Ⅱ段
23		短路故障告警	短路故障告警
24		零序电流告警	零序电流告警
25		非遮断电流保护	非遮断电流保护

续表

序号	检测大类	检测项目	检测小项
26	故障处理功能试验	励磁涌流	励磁涌流
27		重合闸	重合闸
28		重合闸后加速—过电流	重合闸后加速—过电流
29		重合闸后加速—零序过电流	重合闸后加速—零序过电流
30		三次重合闸	三次重合闸
31		重合闸闭锁	重合闸闭锁
32		接地故障 1—区内	接地故障 1—区内
33		接地故障 2—区外	接地故障 2—区外
34		接地故障 3—区内	接地故障 3—区内
35		接地故障 4—区外	接地故障 4—区外
36		断线保护	断线保护
37	电源试验	双电源切换	双电源切换
38	录波测试	录波功能	文件校验、失压、过电流、零压、零流启动录波、64 组循环存储
39		录波性能	0.05、0.1、0.5、1、1.5U_n（过电流启动录波）；0.1、0.2、0.5、1、5、10I_n（失压/零压突变启动录波）
40		暂态录波	
41	基本性能试验	电压基本误差	40%、60%、80%、100%、120%
42		电流基本误差	5%、20%、40%、60%、80%、100%、120%
43		频率基本误差	45、50、55Hz
44		有功基本误差	±60°额定电压下，电流的 5%、40%、100%、120%
45		无功基本误差	±60°额定电压下，电流的 5%、40%、100%、120%
46		功率因数基本误差	功率角度 0.3、0.45、0.6、0.9
47		频率影响量电压电流	50、45、55Hz
48		频率影响量功率	50、45、55Hz
49		谐波影响量电压电流	谐波次数 0、3、5、7、9、11、13
50		故障电流基本误差	故障电流基本误差
51		TA 极性反向调整	TA 极性反向调整
52	维护功能试验	固有参数调阅	固有参数调阅
53		电压零漂	电压零漂
54		电流零漂	电流零漂
55		电压死区	电压死区
56		电流死区	电流死区

序号	检测大类	检测项目	检测小项
57	状态量试验	遥信状态正确性	遥信状态正确性
58		遥信防抖	遥信防抖
59		遥信分辨率	遥信分辨率
60		遥信优先上送	遥信优先上送
61		遥控执行正确性	遥控执行正确性
62	对时守时	对时守时	对时守时

5.2.2 智能融合终端检测大纲

智能融合终端检测大纲见表 5-5。

表 5-5 智能融合终端检测大纲

序号	检测项目	检测要求
1	外观与结构检查	配电终端应具备唯一的 ID 号和二维码，硬件版本号和软件版本号应采用统一的定义方式
2	接口检查	采集不少于 3 个电压量
3		采集不少于 3 个电流量
4		采集不少于 4 个遥信量，遥信电源电压不低于 DC24V
5	主要功能试验	具备缺相运行功能
6		具备电压越限告警功能
7		具备三相不平衡告警功能
8		具备失电压告警功能
9		具备停电告警功能
10		具备实时召唤功能
11		具备断相告警功能
12		具备固有参数调阅功能
13		具备历史数据存储功能
14		具备对时测试功能
15		具备电压零漂功能
16		具备电流零漂功能
17		具备电压死区功能
18		具备电流死区功能
19		具备重载功能
20		具备过载功能
21		具备恢复供电告警功能
22		具备远程调阅平台信息功能

续表

序号	检测项目	检测要求
23	基本性能	交流工频模拟量（电压、电流、有功、无功）基本误差极限为±0.5%和±1%，等级指数 0.5
24		状态输入正确性

5.2.3　故障指示器检测大纲

故障指示器检测大纲见表 5-6。

表 5-6　　　　　　　　　　故障指示器检测大纲

序号	检测项目		检测要求
1	外观与结构	外观与结构检查	指示器应设有持久明晰的铭牌或标识，铭牌应包含产品型号、名称、制造厂名、出厂编号、制造年月及二维码信息
2	功能试验	接地故障识别功能	指示器不能判断出接地故障处于安装位置的上游和下游，采集单元应能就地采集故障信息和波形，且能将故障信息和波形上传至主站进行判断，同时汇集单元应能接收主站下发的故障数据信息，采集单元以闪光形式指示故障
3		短路故障识别功能	当检测到电流突变且突变启动值宜不低于 150A，突变电流持续一段时间后，各相电场强度大幅下降，且残余电流不超过 5A 零漂值，应能就地采集故障信息，以闪光形式就地指示故障，且能将故障信息上传至主站
4			当线路发生故障后，采集单元应能正确识别重合闸间隔为不小于 0.2s 的瞬时性和永久性短路故障，并能正确动作
5		复位功能	采集单元应能根据故障类型选择复位方式，瞬时性故障后按设定时间复位或执行主站远程复位； 线路永久性故障恢复后上电自动延时复位，复位时间小于 5min
6		防误报警功能试验	负荷波动不应误报警
7			大负荷投切不应误报警
8			合闸（含重合闸）涌流不应误报警
9	性能试验	最小可识别短路故障电流持续时间	最小可识别短路故障电流持续时间应不大于 40ms
10		短路故障报警	短路故障报警启动误差应不大于±10%
11		接地故障识别正确率	1. 金属性接地应达到 100%； 2. 小电阻接地应达到 100%； 3. 弧光接地应达到 80%； 4. 高阻接地（1kΩ 以下）应达到 70%
12		负荷电流误差	1. 0≤I<300 时，测量误差为±3A； 2. 300≤I<600 时，测量误差为±1%
13		录波稳态误差	1. 0≤I<300 时，测量误差为±3A； 2. 300≤I<600 时，测量误差为±1%

续表

序号		检测项目	检测要求
14		故障录波暂态误差	故障录波暂态性能中最大峰值瞬时误差应不大于10%
15		故障录波响应时间	故障发生时间和录波启动时间的时间偏差大不于20ms
16		三相合成同步误差	每组采集单元三相合成同步误差不大于100μs

5.2.4 一二次融合柱上断路器检测大纲

一二次融合柱上断路器检测大纲见表5-7。

表5-7   一二次融合柱上断路器检测大纲

序号	大项	小项	检测要求
1	外观检查	外观检查	1．断路器壳体上应有位于在地面易观察的、明显的分、合闸位置指示器，并采用反光材料，指示器与操作机构可靠连接，指示动作应可靠。 2．SF₆灭弧方式的柱上断路器，壳体上应有位于在地面易观察的、明显的气压指示； 3．应采用直径不小于12mm的防锈接地螺钉，接地点应标有接地符号
2	结构与配置	互感器	1．互感器的组合模式； 2．电磁式互感器组合模式配置要求； 3．电子式互感器组合模式； 4．数字式互感器组合模式
3		航插、电缆密封要求	1．断路器与馈线终端之间、电压/电流互感器与馈线终端之间的一二次连接电缆需配置航空插头，航插插座、插头定义及尺寸应符合国家电网公司一二次融合标准化配电设备相关要求； 2．航空插头及电缆应采用全密封结构
4	一次精度	电流互感器精度	1．电磁式互感器组合模式 （1）电压互感器：准确度等级为0.5级； （2）相电流互感器：准确度等级为0.5S级； （3）零序电流互感器：一次侧输入电流为1A至额定电流时，满足1S级要求，保护准确度等级为5P10级； （4）零序电压互感器：准确度等级为3P级。 2．电子式互感器组合模式 （1）电压互感器：准确度等级为0.5级； （2）相电流互感器：准确度等级为0.5S级； （3）零序电流互感器：一次侧输入电流为1A至额定电流时，满足1S级要求，保护5P30；
5		电压互感器精度	
6		零序电压互感器精度	
7		零序电流互感器精度	

128

续表

序号	大项	小项		检测要求
7	一次精度	零序电流互感器精度		（4）零序电压互感器：准确度等级为3P级； （5）在不同负荷电流下测量电压互感器准确度不超限值。 　3．数字式互感器组合模式 （1）电压互感器：准确度等级为 0.5 级； （2）相电流互感器：准确度等级为0.5S级； （3）零序电流互感器：一次侧输入电流为 1A 至额定电流时，满足 1S 级要求，保护 5P30； （4）零序电压互感器：准确度等级为3P级； （5）在不同负荷电流下测量电压互感器准确度不超限值
8	二次试验	电压基本误差		1．电压电流准确度等级 0.5，误差极限0.5%； 2．有功功率准确度等级为 0.5，误差极限为 0.5%； 3．无功功率准确度等级为 1，误差极限为 1%
9		电流基本误差		
10		零序电压基本误差		
11		零序电流基本误差		
12		有功功率基本误差		
13		无功功率基本误差		
14		故障电流基本误差		根据终端额定电流,控制二次源输出 10 倍电流读取终端电流值和标准表的值,准确度等级为 3 级
15		遥信防抖		1．遥信状态正确性, 正确上送; 2．遥信分辨率, 正确上送; 3．遥信防抖, 正确上送; 4．双位置遥信, 正确上送
16		遥信分辨率		
17		双位置遥信		
18		遥控执行正确性		1．遥控执行正确性, 正确上送; 2．遥控软压板退出, 不上送; 3．遥控软压板投入, 正确上送
19		遥控软压板——退出		
20		遥控软压板——投入		
21		电压越限		线路具备有压鉴别,电压越限、负荷越限等告警上送功能,具备过电流一段,零流一段告警上送及保护动作功能
22		负荷越限		
23		电压鉴别		
24		对时测试		
25		过电流一段		
26		零流一段		
27		参数调阅	电压零漂	1．电压电流零漂, 越限状态遥测变化, 非越限状态遥测为 0; 2．电压电流零区, 越限状态遥测变化, 非越限状态遥测不变化
28			电流零漂	
29			电压死区	
30			电流死区	

续表

序号	大项	小项		检测要求
31	二次试验	录波功能	文件格式与数据	具备故障录波功能；录波文件格式遵循Comtrade1999标准中定义的格式，只采用CFG（配置文件，ASCII文本）和DAT（数据文件、二进制格式）两个文件
32			启动条件-线路失压启动	
33			启动条件-过电流启动	
34			启动条件-零序过电压启动	
35			启动条件-零序过电流启动	
36		录波性能		稳态录波电压基本误差：$0.05U_n \leq 5.0\%$、$0.1U_n \leq 2.5\%$、$0.5U_n \leq 1.0\%$、$1.0U_n \leq 0.5\%$、$1.5U_n \leq 1.0\%$； 稳态录波电流相对误差：$0.1I_n \leq 5.0\%$、$0.2I_n \leq 2.5\%$、$0.5I_n \leq 1.0\%$、$1.0I_n \leq 0.5\%$、$5.0I_n \leq 1.0\%$、$10I_n \leq 2.5\%$
37		接地故障		接地故障（区内）发生故障时应能跳闸、告警，并上送SoE； 接地故障（区外）不应跳闸、告警，并上送SoE
38	传动试验	电压精度		1. 相/线电压 准确度等级为1级； 2. 相电流 准确度等级为1级； 3. 零序电压 准确度等级为6级； 4. 零序电流
39		电流精度		
40		零序电压精度		
41		零序电流精度		
42		有功精度		
43		无功精度		（1）电磁式互感器组合模式A类1%～20%额定电流时，误差≤10%，20%～120%额定电流时，误差≤6%，10倍额定电流时，误差≤10%； （2）电子式互感器组合模式或数字式互感器组合模式5%～20%额定电流时，误差≤10%，20%～120%额定电流时，误差≤6%，30倍额定电流时，误差≤10%； 5.功率 测量成套化有功功率准确度1级，无功功率准确度2级
44		遥控分合闸		遥控开关分合闸操作10次，均正确控制
45		短路故障—过电流Ⅰ段		过电流Ⅰ段过电流Ⅱ段具备告警上送，断路器保护动作跳闸功能
46		短路故障—过电流Ⅱ段		
47		接地故障		具备小电流接地系统单相接地故障就地判别和隔离功能，小电流保护功能可设置为跳闸、告警或退出，跳闸/告警延时可设，并上送故障事件，包括故障遥信信息及故障发生时刻开关电压、电流值

序号	大项	小项	检测要求
48	传动试验	重合闸	开关首次因故障跳闸后,启动重合闸整组复归计时,并按照重合闸定值进行第一次重合闸; 重合闸成功后,如开关在重合闸整组复归时间内发生第二、三次故障跳闸,则按定值启动第二/三次重合闸; 具备大电流闭锁重合闸功能

5.3　配电自动化设备调试

配电自动化设备调试是确保配电系统安全、可靠运行的关键步骤。在新建、扩建或者改造工程中,配电自动化设备的调试都是重要的一环,调试过程包括调试准备、现场调试、系统验收,确保现场设备符合标准要求,运行时满足预期要求。

5.3.1　配电终端调试

1. 调试前准备

在现场开展设备调试之前,需要做好充分的准备工作和环境安全检查工作,确保调试过程顺利开展。调试开始前应完成以下工作。

(1)终端已经完成现场安装,一次设备已经完成交接性试验,开关具备操作条件。

(2)装置带负荷检查要求环网柜具备送电条件,其余试验要求环网柜具备停电条件。

(3)装置带负荷检查时要求通信网络已经完成测试,主站、子站系统能收到终端设备的信号,其余试验时如果主站不具备接入条件,可以用调试电脑模拟主站系统进行信息点表的检查。

(4)终端装置试验所需要的电源已经具备条件。

(5)终端设备已经完成接线,设备完好,蓄电池已经经过一段时间充电操作。

(6)试验仪器完好。

调试工器具见表 5-8,调试危险点/分析与控制措施见表 5-9。

表 5-8   调试工器具

序号	名称	型号	数量
1	绝缘电阻测试仪	FLUKE 1587/1577	1
2	数字式万用表	FLUKE 287	2
3	钳形电流表	FLUKE 376	2
4	工具箱	得力（Deli）3701	3
5	PON 光功率计	33-931	2
6	车载移动电源	WK-32 型通用可调	2
7	继电保护测试仪	AD331	2

表 5-9   调试危险点/分析与控制措施

序号	检查内容
1	试验前进行了安全交底和技术交底
2	试验人员着工作服、穿绝缘靴
3	试验前确保试验仪器良好，漏电保护器合格
4	试验时应有工作票，并且在工作地点相邻设备装设围栏
5	终端设备进行测试时，环网柜应该处于停电状态，所有进线线路装设接地线，环网柜内接地刀闸处于合位，使用验电器验电后确认环网柜处于停电状态后才能开始试验
6	试验时采取防止 TV 二次短路及 TA 二次开路的相应安全措施，避免造成人身伤害及设备损坏事故
7	严格按电业安全规程和作业指导书作业，试验中认真细致避免整定值错误和接错线，防止误碰/误操作造成误跳闸和设备损坏及人身伤害
8	注意休息，尽量避免长时间连续工作而引发体能下降、疲劳试验可能会造成人身伤害和设备的损坏事故
9	试验人员对工作中产生的废电池严禁随意丢弃，应将其全收集，集中处理，确保不对环境造成污染
10	试验有异常或保护动作，应立即停止试验，在做好安措后，检查二次回路及保护装置，确定排除问题后方可继续试验
11	现场试验应注意防雨、防晒及相关自然环境可能带来的危害
12	现场试验应注意交通安全

2. 调试步骤

配电终端调试步骤及操作要求见表 5-10。

表 5-10   配电终端调试步骤及操作要求

调试步骤	操作规范要求
人员要求	1. 戴安全帽、勒紧帽带
	2. 穿工作服扣齐衣、袖扣，穿绝缘鞋，系紧鞋带
	3. 操作一次设备及二次回路接线过程中应戴手套

续表

调试步骤	操作规范要求
准备工作	1. 检查技术资料是否齐全、是否完好
	2. 检查万用表、继电保护测试仪正常，工器具是否完好齐备
设备上电	1. 测量交流电压正常、绝缘电阻正常，送交流电源空气断路器；测量直流蓄电池电压、电源模块输出电压正常，送蓄电池电源空气断路器
	2. 合操作电源、通信电源
	3. 配电终端上电检查装置指示灯正常：CPU 板件 RUN 等闪亮、DI 板件 RUN 灯闪亮、DO 板 RUN 灯闪亮、所有板件 ERR 灯不亮
设备功能检查	1. 检查开关柜间隔开关位置指示灯，进行开关就地电动分合闸试验
	2. 将试验检查结果记录到调试记录单
参数配置	1. 根据参数配置单配置通信参数
	2. 保护定值及保护控制字配置
	3. 加密退出
	4. 遥信消抖
	5. 变化遥测上送等信息
	6. 根据工程点表进行点表配置
遥信试验	1. DTU 远方/就地信号试验核实，并记录调试记录单
	2. 电池活化试验核实，并记录到调试记录单
	3. 交流失电试验核实，并记录到调试记录单
	4. 考试指定间隔接地刀闸位置试验核实，并记录到调试记录单
	5. 考试指定间隔开关位置试验核实，并记录到调试记录单
	6. 考试指定间隔远方/就地位置试验核实，并记录到调试记录单
	7. 过程中有问题做好记录
遥测试验	1. 电流、电压施加位置要求在二次接线端子室处
	2. TV 二次回路通电试验时，应有防止二次侧向一次侧反送电的安全措施
	3. 电流二次回路通流时需打开电流连片，防止通流时引起电流分流的措施
	4. 继电保护测试仪做好接地后接电。设备加量时应先连接被测试设备侧再连接仪器
	5. 按照标准要求进行电压、电流试验，并记录调试记录单
	6. 蓄电池电压测量并核实，记录调试记录单
	7. 调试过程中有问题做好记录
	8. 按照保护定值要求进行保护功能校验
遥控试验	1. 通过 DTU 面板进行遥控分、合闸试验，并记录
	2. 通过软件进行遥控分、合闸，并记录. 调试记录单
设备状态恢复	电源空气断路器投入、远方就地把手投入远方、遥控连接片投入，二次设备投入自动化状态，具备投运条件
结束报告	工器具及技术资料整理、清洁，工作现场清理干净
	报告工作全部完成，工作票终结

3. 调试内容

配电终端主要功能包括遥测、遥信、遥控、通信、信息安全等，因此，在设备调试过程中也要重点注意上述功能的完备性，验证是否符合标准要求。调试内容主要包括复核安装情况是否符合要求以及基本功能是否能够实现，安装情况包含航空插头插接、TV 接线、相序、接地线安装等。基本功能包含遥控、遥测、遥信及保护定值复核等。FTU 调试内容记录表见表 5-11。DTU 调试内容记录表见表 5-12。

表 5-11 　　　　　　　　　　　FTU 调试内容记录表

开关名称				
开关编号	终端设备序列号		终端安全芯片序列号	
变电站		线路名称		
杆号		杆塔类型	水泥杆 □ 铁　塔 □	
设备地址/链路地址				
SIM 卡手机号		端口号		
前置服务器 IP（主）		前置服务器 IP（备）		
TA 变比		零序 TA 变比		
TV 变比		零序 TV 变比		
通信类型	光纤 □　无线□	通信状态	正常□　异常□	
一次设备厂家		终端设备厂家		
现场设备状态	未停电□	已停电□	安全措施完成□	
配置 TV 情况	双侧 TV□ 单侧 TV□	4G 信号强度	（　　　）dBm	
外观及接线检查				
序号	检查项目		结论（√/×）	
1	开关电源侧、负荷侧方向是否正确			
2	TV 取电和测量端子的接线是否正确			
3	开关本体、终端外壳是否可靠接地			
4	电缆航空插头是否插牢			
5	开关相序是否正确			
6	终端绑扎是否牢固			
7	接地线是否合格			
8	标签是否完好			
9	杆塔号与标签是否一致			

续表

功能投退情况

序号	检查项目	投退情况
1	速断保护	告警 □ 跳闸 □ 退出 □
2	过电流保护	告警 □ 跳闸 □ 退出 □
3	零序过电流保护	告警 □ 跳闸 □ 退出 □
4	小电流接地保护	告警 □ 跳闸 □ 退出 □
5	重合闸	投入 □ 退出 □
6	过电压保护	告警 □ 跳闸 □ 退出 □
7	高频保护	告警 □ 跳闸 □ 退出 □
8	低频保护	告警 □ 跳闸 □ 退出 □
9	过电流后加速	投入 □ 退出 □
10	远方定值与召测功能	投入 □ 退出 □
11	故障录波与召测功能	投入 □ 退出 □

遥信部分

序号	描述		本地状态	主站状态	结论（√/×）	备注
1	远方位置					核对主站和终端远方就地状态
2	装置异常					核对主站和终端的装置异常状态
3	电池欠压					核对主站和现场电池状态
4	交流失电					考虑交流电源断电、蓄电池欠压两种情况
5	开关位置	分	/	/		核对现场和主站开关状态
		合				
6	开关储能状态					核对现场和主站的开关储能状态

遥控部分

序号	检查项目		装置工作情况	结论（√/×）
1	就地分合操作	开关分→合	开关合闸正常，指示正确	
		开关合→分	开关分闸正常，指示正确	
2	远方分合操作	开关分→合	开关合闸正常，主站指示正确	
		开关合→分	开关分闸正常，主站指示正确	
3	电池活化		主站显示正确	

续表

遥测部分

序号	描述	本地测量值/A	主站显示值/A	结论（√/×）	备注
1	相电流 I_a				现场安装时，断路器与线路之间先不连接，先用继保仪在一次侧加电流电压测试后再接断路器与线路
2	相电流 I_b				
3	相电流 I_c				
4	零序电流 I_0				
5	线电压 U_{ab}				
6	线电压 U_{bc}				
7	零序电压 U_0				

校时部分

序号	描述	本地显示值	主站显示值	结论（√/×）	备注
1	终端校时				让主站下发对时功能，核对终端时间

表 5-12　　　　　　　　　DTU 调试内容记录表

设备名称				
环网柜编号		终端设备序列号		终端安全芯片序列号
变电站		所属线路		
设备地址/链路地址				
SIM 卡手机号		端口号		
前置服务器 IP（主）		前置服务器 IP（备）		
TA 变比		零序 TA 变比		
TV 变比		零序 TV 变比		
通信类型	光纤 □　无线 □	通信状态	正常 □　异常 □	
一次设备厂家		终端设备厂家		
现场设备状态	未停电 □	已停电 □	安全措施完成 □	

环网柜间隔的标注与主站图形核对

环网柜间隔的标注与主站图形核对：

（1）标注负荷开关或断路器；

（2）标注负荷名称；

（3）"□"对应状态打"√"；

（4）合闸状态标记为"■"、分闸状态标记为"□"。

续表

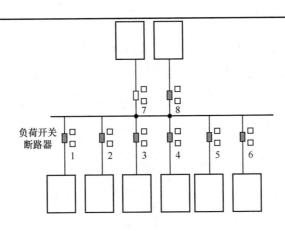

外观及接线检查

序号	检查项目	检查结果（√/×）
1	TV 取电和测量端子的接线是否正确	
2	开关本体、终端外壳是否可靠接地	
3	电缆航空插头是否插牢	
4	开关相序是否正确	
5	终端绑扎是否牢固	
6	接地线是否合格	
7	标签是否完好	

功能投退情况

序号	检查项目	投退情况
1	速断保护	告警 □　跳闸 □　退出 □
2	过电流保护	告警 □　跳闸 □　退出 □
3	零序过电流保护	告警 □　跳闸 □　退出 □
4	小电流接地保护	告警 □　跳闸 □　退出 □
5	重合闸	投入 □　退出 □
6	过电压保护	告警 □　跳闸 □　退出 □
7	高频保护	告警 □　跳闸 □　退出 □
8	低频保护	告警 □　跳闸 □　退出 □
9	过电流后加速	投入 □　退出 □
10	远方定值与召测功能	投入 □　退出 □
11	故障录波与召测功能	投入 □　退出 □

续表

遥信部分			
对象	检查项目	装置工作情况	结论（√/×）
1号TV间隔	U_{ab}无电压告警	主站显示正确	
	U_{cb}无电压告警	主站显示正确	
2号TV间隔	U_{ab}无电压告警	主站显示正确	
	U_{cb}无电压告警	主站显示正确	
1号间隔	开关位置	主站显示正确	
	开关储能状态	主站显示正确	
	接地刀闸位置	主站显示正确	
2号间隔	开关位置	主站显示正确	
	开关储能状态	主站显示正确	
	接地刀闸位置	主站显示正确	
3号间隔	开关位置	主站显示正确	
	开关储能状态	主站显示正确	
	接地刀闸位置	主站显示正确	
4号间隔	开关位置	主站显示正确	
	开关储能状态	主站显示正确	
	接地刀闸位置	主站显示正确	
5号间隔	开关位置	主站显示正确	
	开关储能状态	主站显示正确	
	接地刀闸位置	主站显示正确	
6号间隔	开关位置	主站显示正确	
	开关储能状态	主站显示正确	
	接地刀闸位置	主站显示正确	
装置	交流失电	主站显示正确	
	电池欠压	主站显示正确	
	电池活化	主站显示正确	
	远方位置	主站显示正确	
	I段母线电压异常	主站显示正确	
	II段母线电压异常	主站显示正确	

遥测部分					
对象	检查项目	本地测量值 /A	主站显示值 /A	结论 （√/×）	备注
1号间隔	相电流 I_a				现场安装时，断路器与线路之间先不连接，先用继保仪在一次侧加电流电压测试后再接断路器与线路
	相电流 I_b				
	相电流 I_c				
	零序电流 I_0				
	线电压 U_{ab}				
	线电压 U_{bc}				
	零序电压 U_0				

遥测部分					
对象	检查项目	本地测量值 /A	主站显示值 /A	结论 （√/×）	备注
2 号间隔	相电流 I_a				现场安装时，断路器与线路之间先不连接，先用继保仪在一次侧加电流电压测试后再接断路器与线路
	相电流 I_b				
	相电流 I_c				
	零序电流 I_0				
	线电压 U_{ab}				
	线电压 U_{bc}				
	零序电压 U_0				
3 号间隔	相电流 I_a				现场安装时，断路器与线路之间先不连接，先用继保仪在一次侧加电流电压测试后再接断路器与线路
	相电流 I_b				
	相电流 I_c				
	零序电流 I_0				
	线电压 U_{ab}				
	线电压 U_{bc}				
	零序电压 U_0				
4 号间隔	相电流 I_a				现场安装时，断路器与线路之间先不连接，先用继保仪在一次侧加电流电压测试后再接断路器与线路
	相电流 I_b				
	相电流 I_c				
	零序电流 I_0				
	线电压 U_{ab}				
	线电压 U_{bc}				
	零序电压 U_0				
5 号间隔	相电流 I_a				现场安装时，断路器与线路之间先不连接，先用继保仪在一次侧加电流电压测试后再接断路器与线路
	相电流 I_b				
	相电流 I_c				
	零序电流 I_0				
	线电压 U_{ab}				
	线电压 U_{bc}				
	零序电压 U_0				
6 号间隔	相电流 I_a				现场安装时，断路器与线路之间先不连接，先用继保仪在一次侧加电流电压测试后再接断路器与线路
	相电流 I_b				
	相电流 I_c				
	零序电流 I_0				
	线电压 U_{ab}				
	线电压 U_{bc}				
	零序电压 U_0				

续表

遥控部分			
对象	检查项目	装置工作情况	结论（√/×）
1号间隔	就地分合闸操作 开关分→合	开关合闸正常，指示正确	
	就地分合闸操作 开关合→分	开关分闸正常，指示正确	
	遥控分合闸操作 开关分→合	开关合闸正常，主站显示正确	
	遥控分合闸操作 开关合→分	开关分闸正常，主站显示正确	
2号间隔	就地分合闸操作 开关分→合	开关合闸正常，指示正确	
	就地分合闸操作 开关合→分	开关分闸正常，指示正确	
	遥控分合闸操作 开关分→合	开关合闸正常，主站显示正确	
	遥控分合闸操作 开关合→分	开关分闸正常，主站显示正确	
3号间隔	就地分合闸操作 开关分→合	开关合闸正常，指示正确	
	就地分合闸操作 开关合→分	开关分闸正常，指示正确	
	遥控分合闸操作 开关分→合	开关合闸正常，主站显示正确	
	遥控分合闸操作 开关合→分	开关分闸正常，主站显示正确	
4号间隔	就地分合闸操作 开关分→合	开关合闸正常，指示正确	
	就地分合闸操作 开关合→分	开关分闸正常，指示正确	
	遥控分合闸操作 开关分→合	开关合闸正常，主站显示正确	
	遥控分合闸操作 开关合→分	开关分闸正常，主站显示正确	
5号间隔	就地分合闸操作 开关分→合	开关合闸正常，指示正确	
	就地分合闸操作 开关合→分	开关分闸正常，指示正确	
	遥控分合闸操作 开关分→合	开关合闸正常，主站显示正确	
	遥控分合闸操作 开关合→分	开关分闸正常，主站显示正确	
6号间隔	就地分合闸操作 开关分→合	开关合闸正常，指示正确	
	就地分合闸操作 开关合→分	开关分闸正常，指示正确	
	遥控分合闸操作 开关分→合	开关合闸正常，主站显示正确	
	遥控分合闸操作 开关合→分	开关分闸正常，主站显示正确	
装置	电池活化	主站显示正确	

校时部分			
描述	本地显示值	主站显示值	结论（√/×）	备注
终端校时				让主站下发对时功能，核对终端时间

5.3.2 故障指示器调试

故障指示器调试过程主要分为调试的准备、现场调试步骤、调试后的评估 3 个阶段，各不同阶段明确了各阶段的工作目标和流程，故障指示器安装示意如图 5-26 所示。

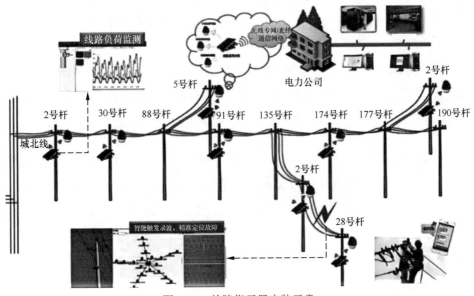

图 5-26　故障指示器安装示意

1. 调试前的准备工作

（1）故障指示器安装选点。根据配电线路和故障指示器情况确定安装位置。

（2）落实调试时需要的必要物品。设备使用 SIM、加密 USBkey（测试 USBkey 和正式 USBkey）。

（3）设备检查。在调试前，对所有配电自动化设备进行外观和硬件检查，确保设备无损坏。

（4）软件和固件验证。确认设备的软件和固件版本符合技术规范要求，必要时进行升级。

2. 故障指示器安装选点

根据故障指示器的使用情况和线路状况进行故障指示器的选点，因为故障指示器采集单元工作是依靠线路电流取电进行工作的，对线路的电流有要求，需要根据故障指示器的取电要求进行选点（3A/1A），选点原则如下。

（1）根据主干长度，按 30 根杆分为一段，可以根据线路总杆数适当调整。

（2）重要大分支在分支第一根杆处安装。

（3）裸线处首尾安装（裸线发生短路故障概率大）。

（4）短路、接地故障多发线路安装。

141

（5）架空线路与电缆线路结合部安装电缆线路首尾。

（6）线路出变电站首号杆必安装（出线安装外施信号源除外）。

3. SIM 卡办理

因为考虑不同通信模厂家对 SIM 卡的兼容性，通常设备办理三合一的普通 SIM 卡，这样可以根据实际情况对 SIM 卡进行简单调整。包月不低于 100MB 流量，调试前拿到卡并进行测试。SIM 卡类型如图 5-27 所示。

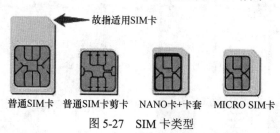

图 5-27　SIM 卡类型

4. 现场调试步骤

（1）设备加密证书调试。需要用加密 USBkey 工具对设备进行加密证书文件导入和导出，使设备具备加密功能。

（2）基础功能测试。在现场对设备的基础功能进行测试，如遥测、遥信、录波上送等。

（3）通信测试。验证设备与配电自动化主站之间的通信是否稳定，数据传输是否准确无误。

（4）故障模拟测试。通过模拟各种故障情况，测试设备的故障检测和处理能力。

（5）性能优化。根据测试结果，对设备进行必要的参数调整和性能优化，以满足实际运行需求。

5. 设备加密证书调试

正确使用正式 USBkey 和测试 USBkey（测试 USBkey 一个主站厂家都一样，针对正式 USBkey，若故指接入主站三区，则使用三区正式 USBkey）。

用测试 USBkey 导出证书请求文件（.req 文件和 xls 文件）给使用单位，由使用单位发给中国电科院，中国电科院一般会次日回终端证书文件，用于主站建立设备通道，同时用正式 USBkey 导入正式证书。

6. 基础功能调试

故障指示器具备研判短路故障的功能，可通过继保仪模拟短路故障序列，模拟故障指示器短路故障。

（1）永久短路检测原理。当采集单元检测到一个正常电流 I_1 持续一定的时间（可设置）后，突变到 I_2，$I_2 - I_1 >$ 设置的突变阈值，随后线路进入停电状态持续一定的时间（可设置）后，则采集单元判定为永久短路。永久短路故障波形如图 5-28 所示。

（2）瞬时短路检测原理。当采集单元检测到一个正常电流 I_1 持续一定的时间（可设置）后，突变到 I_2，$I_2 - I_1 >$ 设置的突变阈值，随后线路进入停电状态持续一定的时间（小于设定的停电时间阈值）后，又突变到 I_3，$I_3 >$ 设置的突变阈值，持续一定的时间后，线路电流恢复到 I_4，$I_4 >$ 设备判断来电的正常电流值。模拟为重合闸成功，则采集单元判定为瞬时短路。瞬时短路故障波形如图 5-29 所示。

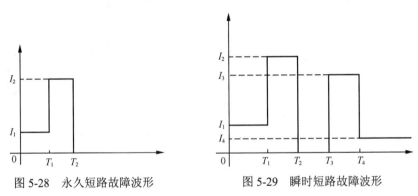

图 5-28　永久短路故障波形　　　图 5-29　瞬时短路故障波形

当线路发生接地故障时，故指三相采集单元感应到线路电压变化或零序电流变化达到其触发阈值后，会触发接地录波收集（涉及同一变电站母线下所有故指），故指汇集单元将三相采集单元的录波合成一个录波文件后，给主站发送录波完成遥信，主站完成录波文件召测。故障录波上送流程如图 5-30 所示。

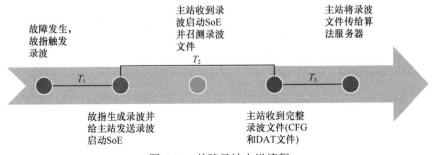

图 5-30　故障录波上送流程

7. 点表调试

根据现场实际情况按照要求配置点表模板，需要配电主站跟设备进行遥信、遥测对点测试。遥测信息点表、遥测信息点表见遥控信息点表分别见表 5-13～表 5-15。

表 5-13 遥测信息点表

序号	单元名称	点号名称	系数	单位	范围	信息体地址（H）
1	汇集单元	汇集单元电池电压	0.01	V	0～2000	40 01
2		汇集单元太阳能板电压	0.01	V	0～3000	40 02
3		通信模块无线信号强度	1		1～31	40 03
4		汇集单元扩展预留				40 04
5	第一组采集单元	A 相电流	0.1	A	0～8000	40 05
6		A 相电场	1	无量纲	0～65535	40 06
7		A 相电池电压	0.01	V	0～400	40 07
8		A 相超级电容电压	0.01	V	0～600	40 08
9		A 相扩展预留	1			40 09
10		B 相电流	0.1	A	0～8000	40 0a
11		B 相电场	1	无量纲	0～65535	40 0b
12		B 相电池电压	0.01	V	0～400	40 0c
13		B 相超级电容电压	0.01	V	0～600	40 0d
14		B 相扩展预留	1			40 0e
15		C 相电流	0.1	A	0～8000	40 0f
16		C 相电场	1	无量纲	0～65535	40 10
17		C 相电池电压	0.01	V	0～400	40 11
18		C 相超级电容电压	0.01	V	0～600	40 12
19		C 相扩展预留	1			40 13
20	第一组采集单元（新增）	A 相取电电压	0.01	V	0～1500	40 14
21		B 相取电电压	0.01	V	0～1500	40 15
22		和 C 相取电电压	0.01	V	0～1500	40 16
23	汇集单元（新增）	经度	1	°	0～65535	40 17
24		纬度	1	°	0～65535	40 18
25		海拔	1	m	0～65535	40 19
…	其他组采集单元	…				…

表 5-14　　　　　　　　　　　　　　　　遥信信息点表

序号	单元名称	点号名称	说明	描述	信息体地址（H）
1	汇集单元	汇集单元运行状态	0—正常；1—异常	用于监视汇集单元的运行状态	00 01
2		汇集单元电池低压告警	0—正常；1—告警	用于监视汇集单元后备电池电压状态	00 02
3		短路故障总	0—正常；1—故障	短路故障事故总	00 03
4		接地故障总	0—正常；1—故障	接地故障事故总	00 04
5		停电信号总	0—正常；1—故障	停电信号总	00 05
6		录波完成标志	0—无新录波数据；1—有新录波数据		00 06
7		汇集单元扩展预留			00 07
8		汇集单元扩展预留			00 08
9	第一组采集单元	A 相短路故障	0—正常；1—故障	线路 A 相短路故障告警信号	00 09
10		A 相瞬时性短路	0—正常；1—故障	线路 A 相瞬时性短路故障告警信号	00 0a
11		A 相永久性短路	0—正常；1—故障	线路 A 相永久性短路故障告警信号	00 0b
12		A 相接地	0—正常；1—故障	保留作为采集单元就地接地判别结果	00 0c
13		A 相停电	0—正常；1—停电	线路 A 相停电信号，检测到线路有电后自动复归	00 0d
14		A 相报警指示	0—正常；1—报警	暂态录波型故障指示器：闪烁；外施信号型故障指示器：闪烁+翻牌	00 0e
15		A 相采集单元通信状态	0—正常；1—断开	A 相采集单元与汇集单元通信状态	00 0f
16		A 相电池低压告警	0—正常；1—告警	A 相采集单元后备电池电压状态	00 10
17		A 相电流越限告警	0—正常；1—告警	A 相电流负荷越限状态	00 11
18		A 相扩展预留			00 12
19		A 相扩展预留			00 13
20		B 相短路故障	0—正常；1—故障	线路 B 相短路故障告警信号	00 14
21		B 相瞬时性短路	0—正常；1—故障	线路 B 相瞬时性短路故障告警信号	00 15
22		B 相永久性短路	0—正常；1—故障	线路 B 相永久性短路故障告警信号	00 16

序号	单元名称	点号名称	说明	描述	信息体地址（H）
23	第一组采集单元	B相接地	0—正常；1—故障	保留作为采集单元就地接地判别结果	00 17
24		B相停电	0—正常；1—停电	线路B相停电信号，检测到线路有电后自动复归	00 18
25		B相报警指示	0—正常；1—报警	暂态录波型故障指示器：闪烁；外施信号型故障指示器：闪烁+翻牌	00 19
26		B相采集单元通信状态	0—正常；1—断开	B相采集单元与汇集单元通信状态	00 1a
27		B相电池欠压告警	0—正常；1—告警	B相采集单元后备电池电压状态	00 1b
28		B相电流越限告警	0—正常，1—告警	B相电流负荷越限状态	00 1c
29		B相扩展预留			00 1d
30		B相扩展预留			00 1e
31		C相短路故障	0—正常；1—故障	线路C相短路故障告警信号	00 1f
32		C相瞬时性短路	0—正常；1—故障	线路C相瞬时性短路故障告警信号	00 20
33		C相永久性短路	0—正常；1—故障	线路C相永久性短路故障告警信号	00 21
34		C相接地	0—正常；1—故障	保留作为采集单元就地接地判别结果	00 22
35		C相停电	0—正常；1—停电	线路C相停电信号，检测到线路有电后自动复归	00 23
36		C相报警指示	0—正常；1—报警	暂态录波型故障指示器：闪烁；外施信号型故障指示器：闪烁+翻牌	00 24
37		C相采集单元通信状态	0—正常；1—断开	C相采集单元与汇集单元通信状态	00 25
38		C相电池欠压告警	0—正常；1—告警	C相采集单元后备电池电压状态	00 26
39		C相电流越限告警	0—正常；1—告警	C相电流负荷越限状态	00 27
40		C相扩展预留			00 28
41		C相扩展预留			00 29

表 5-15　　　　　　　　　　　遥控信息点表

序号	单元名称	点号名称	信息体地址（H）
1	汇集单元	手动触发录波	60 01
2		汇集单元扩展预留	60 02
3	第一组采集单元	A 相报警指示动作/复归	60 03
4		A 相扩展预留	60 04
5		B 相报警指示动作/复归	60 05
6		B 相扩展预留	60 06
7		C 相报警指示动作/复归	60 07
8		C 相扩展预留	60 08
…	其他组采集单元	…	…

8．调试中的注意事项

（1）安全措施。在调试过程中，确保采取适当的安全措施，防止电气事故的发生。

（2）调试数据记录。详细记录调试过程中的所有数据和异常情况，以便后续分析和改进。

（3）用户培训。对操作人员进行设备操作和维护的培训，确保他们能够熟练使用和维护设备。

9．调试后的评估

（1）性能评估。根据调试结果，对设备的性能进行全面评估，确保其满足技术规范要求。

（2）问题整改。对调试过程中发现的问题进行整改，并进行复测，直至满足要求。

（3）验收测试。完成所有调试工作后，进行最终的验收测试，确保设备可以正式投入使用。

通过以上步骤，故障指示器的调试可以确保设备在实际运行中的高效和稳定，为配电网络的自动化和智能化提供有力支持。

5.3.3　智能融合终端调试

依据配电物联管理体系建设方案，融合终端应接入配电自动化大四区云主站（以下简称"云主站"）和物联管理平台（以下简称"物联平台"）。 智能融合终调试步骤及内容见表 5-16，调试过程应按步骤进行，确保现场设备符合标准要求，运行时满足预期要求。

表 5-16　　　　　　　　　智能融合终调试步骤及内容

序号	调试步骤	内容
1	准备设备安装信息	提前收集需安装 TTU 台区的相应配置参数资料，提交给终端调试厂家以完成终端上行调试、终端下行设备接入的 App 安装、参数设置
2	证书提取工作	插上测试 Usb Key 提取终端.req 文件—配自密钥申请文件
3	证书加密工作	将终端.req 文件发送至电科院，得到返回的.cer 文件—终端密
4	证书导入工作	钥文件，因为是不对称加密所以终端不需要再导入密钥文件
5	获取 SDK 安装包	填写《电力公司密码服务申请表》，此表由调试厂家提供附件信息，各县公司此表汇总至市公司专责处，由市公司统一提报电科院签发。电子版+纸质版，纸质版一式 3 份
6	SDK 签发	本地安装 SDK 加密软件，联系主站进行认证，认证后会告知地市签发结果
7	云主站建档	市县公司提供设备台账信息、正式证书（.cer）给云主站
8	云主站建档并导入配电证书	调试人员按照模板整理终端信息，提交给大四区云主站人员；云主站人员通过分配给各地市的账号密码登录主站，将终端信息导入主站，完成台账建立、参数分配，并将参数通知调试人员；同时，云主站人员将建设单位提交的终端配电证书导入云主站系统
9	APP 灌装调试和配置参数调试	检查并更新 App 安装数量、版本、运行状态是否符合要求，根据调试台账配置台区参数（安全代理、104 等参数配置文件）
10	云主站数据核对	登录大四区云主站，核查 TTU 是否正常上线，核对遥测、遥信数据，核对电流电压功率数据
11	现场安装	接入调试完成后，由施工单位对融合终端进行现场安装，调试接入智能设备为：智能漏电保护开关、多功能仪表、智能电容器、SVG、用采集中器等带有通信功能的智能低压设备；调试内容为：配置智能二次设备与终端、主站对应的通道、点表、设备类型、设备 ID、端口号、通信规约等相关参数，确保主站的低压台区图模信息对应正确；在云主站系统 Web 页面查看现场实际接入遥测数据；调试完成的设备，验收合格投入运行

1. 领取融合终端，准备调试

融合终端从到货检测完毕后，检测合格准备进行调试。调试融合终端所需的软硬件：Xshell（安全终端模拟软件）、串口调试线、网线、物联网卡（需申请）。

2. 和网口开通

（1）硬件连接。给终端供电，并使用串口线、网线连接融合终端与调试电脑。

（2）软件配置。在调试电脑上使用 Xshell 调试软件进行调试。进行串口连接，新建会话，协议选择 SERIAL、端口号为实际生成的端口号、波特率为 115200，完成配置后进行连接，回车输入用户名/密码完成登录融合终端。

使用 "sudo nano/etc/rc.local" 命令给融合终端开网口。用 "#" 对 "systemctl stop ssh" 进行注释，保存配置后重启融合终端即可长久开启网口。

3.　配电加密证书申请

通过测试 U-KEY 导出终端设备测试证书，由各地市配电自动化专责发送给国网河南电科院专责，由电科院专人向中国电科院申请融合终端正式证书。

地市公司（可由终端厂家协助操作）利用测试 U-KEY 作为安全模块，提取融合终端证书申请信息并生成批量证书请求文件（P10 文件，.req 格式）。地市公司将终端证书请求文件（打包为 zip 格式通过内网邮箱发送）发送给电科院专责，由电科院专人提交中国电科院，中国电科院通过内网邮箱将签发的终端正式证书发送至河南电科院，然后发送至地市供电公司，然后导入配电主站。

在终端正式证书请求文件（P10 文件）生成并导出后，地市公司利用正式 U-KEY 作为安全模块，将正式证书导入融合终端。导入正式证书前应确保终端安全芯片的秘钥版本为 0（若秘钥版本不是 0，请用测试 U-KEY 对终端进行密钥恢复操作，然后导入主站、网关测试证书）。

4.　网络调试

使用 "ifconfig" 命令查看融合终端网址。更改调试电脑网络，保持融合终端与电脑在同一网段中。在 Xshell 中新建会话，进行网口连接。协议为 SSH、端口号为 8888、主机为融合终端 IP 地址，完成配置后选择会话进行连接，输入用户名/密码登录融合终端。

5.　云主站和物管平台注册

（1）融合终端登录物联网管理平台、配电自动化 IV 区云主站需要进行平台侧与终端侧的配置。

（2）在物联网管理平台进行建档。创建设备有创建单台设备和批量导入设备两种方式。创建单台设备时，产品名称为融合终端，设备标识为终端 SN 号、设备名称为地州名称＋编号；批量创建设备时，导出配置模板，按照要求填写模板，将模板导入平台即可完成批量创建设备。

（3）在配电自动化Ⅳ区云主站创建融合终端台账。在台账管理→低压台账管理目录下，下载 Excel 模板，将模板填写完成后上传至主站，完成台账的录入。

（4）对融合终端进行配置。在 Xshell 中使用命令进行物联网管理平台配置，根据新建设备后物联网管理平台自动生成的客户端 ID、用户名、密码等信息以及平台地址、端口修改参数并保存。

6. 物联网卡

将物联网卡插入 4G 模块。4G 模块有上下两个卡槽，插入上卡槽，信号灯从左起数 1234 号信号灯常亮，插入下卡槽左起 1567 号信号灯常亮。

7. 登录主站

在物联网卡插入且信号发送正常后，可以在物联网管理平台查看台账，此时终端在线状况会由"未连接"变成"在线"，融合终端成功接入物联网管理平台，并且会自动生成子设备，可在子设备管理的详情中查看融合终端交采数据。在配电自动化Ⅳ区云主站的低压通道状态中，可查看终端在线状态，以及子设备状况。

参 考 文 献

[1] 中国电力百科全书编委会. 中国电力百科全书 [M]. 3 版，北京：中国电力出版社，2014.

[2] 李天友，金文龙，徐丙垠. 配电技术 [M]. 北京：中国电力出版社，2008.

[3] 徐丙垠，李天友，薛永瑞. 配电网继电保护与自动化 [M]. 北京：中国电力出版社，2017.

[4] 刘健，等. 简单配电网 [M]. 北京：中国电力出版社，2017.

[5] 国网甘肃省电力公司. 配电自动化系统运维工作手册术 [M]. 北京：中国电力出版社，2023.

[6] 中国南方电网有限责任公司. 配电自动化系统运维指南 [M]. 北京：中国电力出版社，2020.

[7] 国家电网有限公司运维检修部. 配电自动化系统运维技术 [M]. 北京：中国电力出版社，2018.